漫畫圖解 不懂帶團隊，那就大家一起死！

行為科學教你把豬一般的隊友變菁英

石田淳◆著　何信蓉◆譯

マンガでよくわかる　教える技術2
チームリーダー編

主要登場人物

系數 和彩
「Naturel」休閒服飾總公司
商品販售部課長。
愛講道理，不擅長溝通。
是 MOONSHOT 酒吧常客

鬼澤 愛兔
「Naturel」休閒服飾總公司
商品販售部員工。
個性與兇狠的長相有相當大的反差，
是一位溫順、纖細、喜歡可愛物品
的人物。

若狹 豪
「Naturel」休閒服飾總公司
商品販售部員工。
團隊中最年輕的。因為擁有童顏，
看似不可靠，其實是天才型的人物。

上原 士郎
「Naturel」休閒服飾總公司
商品販售部部長。
深思熟慮。

近藤 悠人
在 MOONSHOT 酒吧認識了和彩。
近藤悠人一直被和彩的舊下屬凜小
姐尊稱為「大師」。

益子 育步
「Naturel」休閒服飾總公司
商品販售部員工。
兩個小孩的媽媽。
現在是短工時員工。
樂天派的個性，是團隊中的開心果。

酒吧
MOONSHOT 店長
擅長聽人說話，
經常在聽和彩的抱怨。

＊漫畫劇情純屬虛構。

前言

若要活化組織、提升業績，主管該如何與下屬溝通，又要運用何種方法來督促下屬呢？

這本書就是將這些實踐方法做統整，也是拙作《不懂帶團隊，那就大家一起死！》的漫畫圖解版。

這本書的主角，是在日本國內外都設有分店的休閒服飾品牌「Naturel」總公司，商品販售部的課長系數和彩小姐。她因為在擔任地區經理時業績良好而受到賞識，被拔擢到現在的位置，卻跟團隊成員溝通不良，團隊整體的工作成果也無法提升。在那樣的狀況下，和彩小姐半信半疑地運用了「教的技術」，結果竟然讓團隊成員之間那層看不見的隔閡漸漸消失了，並使組織內充滿蓬勃的朝氣。

不只是和彩小姐，當今社會的組織內主管是很辛苦的。身為主管，除了要完成自己分內各式各樣的工作外，也要統御那些能力、性格、價值觀都不同的員工，最終還要創造成果。

《不懂帶團隊，那就大家一起死！》是一本工具書，將這些管理者的團隊管理技巧，變得簡單又有效果。

為了使團隊能夠提升業績，主管最該做的任務，就是找到「你所期望的、能提升成果的行為」，並讓團隊成員不斷重複實踐那樣的行為。

如果能做到這點，團隊的業績一定會提升。為什麼呢？因為團隊的成果，就是團隊成員的行為重複累積得來的。

最該注意的，就是「行為」。這聽起來很簡單吧！完全沒必要煩惱團隊成員的個性及價值觀等這類的事。

此外，本書的內容也包含了「溝通問題」。就跟主角和彩一樣，這是許多主管都有的煩惱。

本書裡，將工作職場內所需要的溝通，分成兩大類，一類是「能在工作上創造成果的溝通」（報連商、會議、對下屬的回饋或建議等），一類則是「能與團隊成員建立信賴關係的溝通」，並介紹具體的實踐方法。

就連不擅長說話的主管，也能毫無困難地運用當天讀到的技巧，嘗試與「合不來的下屬」溝通。

各個章節中，都會在漫畫後面搭配解說文章。但是，只要你讀了漫畫，就能掌握住行為科學管理與《不懂帶團隊，那就大家一起死！》的精髓。所以請先放輕鬆，試著翻閱這本書。

我希望各位能夠因為有了這本書，而減輕身為主管的煩惱，每天都充滿了跟團隊成員一起工作的樂趣。

行為科學管理研究所所長　石田淳

二〇一五年十一月吉日

Chapter 4

如何提升團隊成果

尾聲

學會教的技術，成為真正的主管

staff

內文設計・排版：二ノ宮 匡（NIXinc）
漫畫製作：TREND-PRO ／ BOOKS PLUS
作畫：temoko
腳本：akino
協助：木村美幸
特別感謝：肥後智惠美

序幕

為了改變團隊，主管該做的事

Story 0 主管到底該做什麼呢？

我對你的期待
就是「創新」。
希望你能挑戰新的想法，拿出成果來。
你有什麼話要說的？
事實上是團隊成員有問題，
既不聽我的指示，也無法提升工作成果。
現在這樣根本不能稱為團隊。
那就是暴露了你自己身為主管的管理能力不佳……
我聽起來就是這樣……
冷笑
是那樣嗎？
什麼！
不是，我的意思絕不是這樣的…
啊啊啊

頻
頻
真是的
MOONSHOT
酒吧
我只不過是把事實說出來而已！
到底是哪裡不對！
喀！
再來一杯！
等一下…老闆，我沒有點這個啊！
我想你差不多要再點了吧！
微笑
可惡！
以前，你不是將地區排名最後一名的分店，變成第一名嗎？
這次，你一定也可以的。
……這個在公司不能說，
我是因為有了那位店長的幫忙，才辦到的…

《漫畫圖解 不懂帶人，你就自己做到死！》的主角
那位下屬現在被派到海外分店了。
優點就是開朗、有活力
神吉 凜
和彩的前下屬
說不定我一點也不適合當主管…
重
沉
喀啦
歡迎光臨！
有空位嗎？
請您坐這裡。
喀嗒
啊！
失禮了。
點頭致意
啊！是個帥哥呢！
咦？好像在哪裡有見過他…
啊！

啊！
找、找、找
企管顧問傳授的技術」
能幹的顧問近藤悠人先生（48歲）
啪啦啪啦
那個，請問你是出現在這本雜誌裡的那個人，對不對？
擅長行為科學管理的人！
NEWS
我的前下屬叫神吉凜，曾經接受過你的幫助。
啊，你是神吉小姐的……
其實，
我有事想要請教你。

總而言之，系數小姐的煩惱，若用一句話簡單說，就是
「主管要如何帶領團隊創造成果」，
是嗎？
是的，就是這件事。
我一個人就能做到的事，
在團隊裡，因為有很多人…
特別是有很多怪人…
原來如此！
那麼，系數小姐認為，主管被要求的事是什麼呢？
那個…
就是擁有長期性策略思考和挑戰的精神。
這些事也很重要。

我認為最重要的是，
「得到下屬的信賴」。
但是，被下屬信賴，跟業績有什麼關係嗎？
如果團隊中的下屬能夠自動自發地行動的話，
自發性行動
能不能達到比現在更好的成果呢？
這個…
唉！
不做不行…
我要去做！
4倍
不得不做（Have to do）的狀態
想做（Want to do）的狀態
實際上，在「不得不做」的「Have to do」狀態，跟「Want to do」的狀態下，
在業績表現上有四倍的差別。
四倍！
能夠改變團隊那種被逼著要去做的「Have to do」心態，成為一個自動自發型的「Want to do」心態的團隊，就是需要
下屬對你這個上司的信賴！
驚訝
呃…

但是，我要做什麼才能得到下屬的信賴呢？
沒問題的！
只要運用「行為科學管理」中「教的技術」，
任何人都能得到下屬的信賴，
創造拿得出好成果的團隊。
這……
懷疑
你這麼肯定嗎？
？
那麼，你證明給我看，
我也做得到的事！
緊握
什麼！
這裡的酒錢我都幫你出~♪
麻煩你了!!
真是太好了。

序幕 1

要以現有團隊成員來提升工作成果時

如何才能以現有團隊成員來改善業績呢？

「現有的團隊成員一直無法提升成果。」

「為什麼我的下屬都不長進呢？」

這個故事的主角系數和彩小姐，跟世界上許多主管一樣，都在煩惱自己的團隊成員無法提升成果。

和彩小姐所屬的公司，是在日本全國各地都有分店，前幾年還跨足到海外的「Naturel」休閒服飾品牌。她因為在擔任地區經理時創造出好成績而受到賞識，三個月以前，被拔擢到商品販售部課長的位置。

同樣是主管，以職業運動團隊的隊長來說，會根據比賽的對手成員來改變隊員組合，或是將身體狀況不好的隊員換掉，改派年輕且身體狀態良好的隊員。

另一方面，因為人事費用被削減的關係，很多公司都在進行組織重整，對於沒有多餘人力的主管而言，要擁有一個理想的團隊，根本就是天方夜譚。在面臨少子化的社會實況下，很確定的是，要確保有優秀人才，在未來是愈來愈困難的事情。

那麼，主管們該如何是好呢？

首先，要覺悟「現有團隊成員就是自己所擁有的全部」。在這個前提下，只好去尋找如何以現有團隊成員一步一步提升業績的方法。

提升八成團隊成員的實力

在思考團隊能力時，有一個指標是「二比六比二原則」，也就是不管在任何組織中，都會存在著最優秀的兩成、平凡的六成，以及「有問題的兩成」。這也被稱為「二十、八十理論」或「二八理論」。

就單憑工作結果而論的成果主義而言，主管往往會注意到那些因為工作成果良好而被稱讚的，最上層的兩成優秀員工。

剩下的八成員工，再怎麼努力也無法有好的成果，幾乎無法得到很高的評價。如果想要提升團隊能力，主管應該要著重的，並不是那些最上層的兩成優秀員工，而是其他八成（就是平凡的六成和有問題的兩成）的員工。

把這個想法放到學校成績上，就會一清二楚。

與其讓每次考試成績都保持九十分的最上層優秀學生，都考到一百分，不如想辦法讓每次都只有考五十分的其他八成學生，每一個人都能多考十分，這樣班級整體的總平均分數就會提高非常多。

二八原則

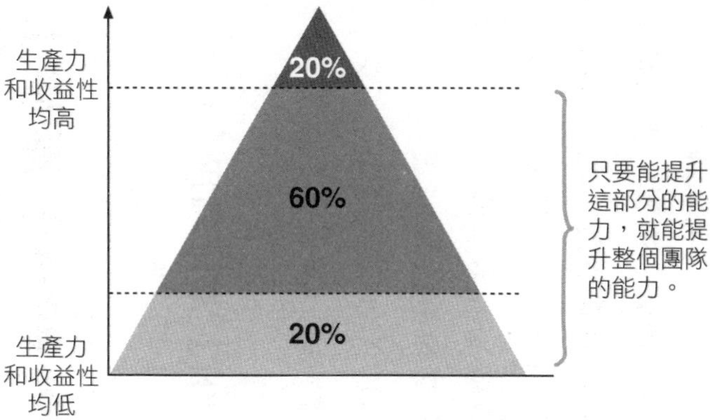
生產力
和收益性
均高
20%
60%
20%
生產力
和收益性
均低
只要能提升
這部分的能
力，就能提
升整個團隊
的能力。

要有效提升這八成「非常普通的員工」的能力，就是運用「教的技術」的基礎——「行為科學管理」。要注意的不是員工工作的結果，而是他們的「行為」，活化那些行為，就能夠提升每個團隊成員的業績或成長。

「提升八成員工的實力，就能提升團隊全體的業績」。

煩惱團隊能力的主管們，請將這件事情牢記心中，運用這個道理來管理下屬吧。

序幕 2

將下屬覺得「不得不（Have to）」的事轉變成「想要（Want to）」的事

》「Want to do 曲線」和「Have to do 曲線」

最上層表現良好的兩成員工與其他的八成員工，其間的差別到底在哪裡呢？在行為科學裡，我以「自發性行為」（Discretionary effort）的概念來做說明。

如果將最上層表現良好的兩成員工，與有問題的兩成員工，在「工作上的自發性行為」方面，畫一張清楚的圖，就會是左邊的這張圖表。「最低限度的要求」這條線，就是主管（或是公司）對員工所要求的「最起碼要做到這些」的最低限度。

在兩條曲線中，有一條曲線是從一開始就是往右上升的線，隨著時間的推進，能夠確實累積成果的，就是「Want to do 曲線」，當「工作很愉快」、「想要去做」這種自發性的想法很強烈時，生產力也會隨著時間而持續成長。

自發性行為（Discretionary effort）

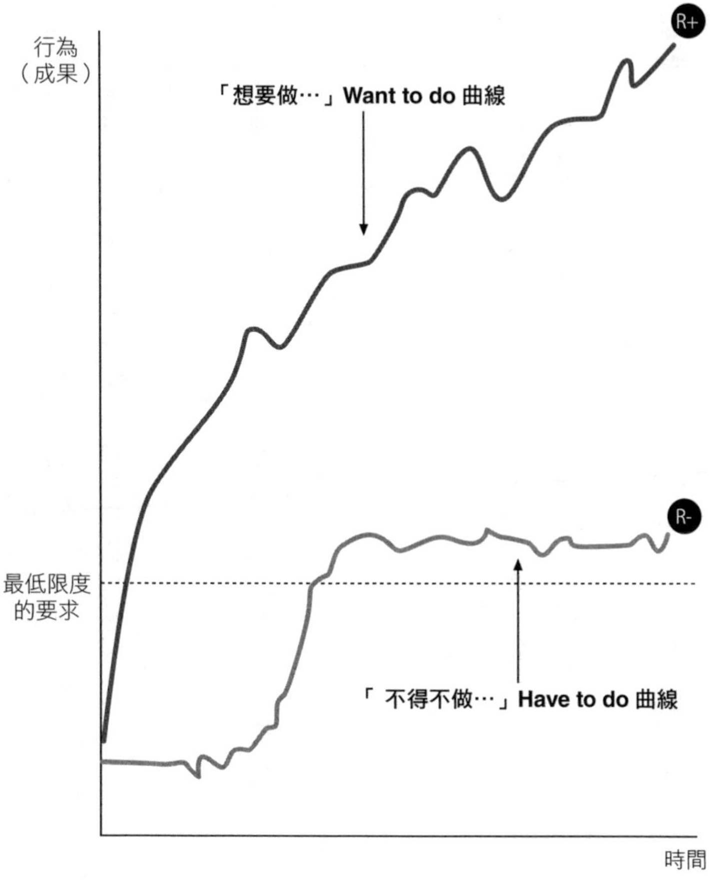

下面的那一條曲線，是一邊想著「被主管指示而不得不做」、「實在完全不想做」，一邊工作的員工所展現的「Have to do 曲線」。打從一開始就很慢，不管經過多久的時間，就只達到「最低限度的要求」這條線，也就是只發揮到「最起碼做到不要被主管罵的程度」的生產力。

無庸置疑的，在前頁的「自發性行為」圖表中，「Want to do 曲線」相當於表現良好的最上層兩成員工的行為，「Have to do 曲線」為表現有問題的最下層兩成員工的行為。按「二比六比二」的比例來看，「平凡的六成」員工的行為位在這兩條曲線的中間位置。

為什麼自發性行為會得到優異的成果呢？無論是誰，對於「想做的事」、「喜歡的事」都會專心地做，就算沒有任何人在看，也不會偷懶。因此，生產力自然就會提升。

以讀書為樂趣的人，不管多忙都會找時間讀書；喜歡釣魚的人，就算不喜歡早起，也不會為了要早起出門海釣而感到痛苦。

相反的，如果是「雖然不想做，但不做不行的事」，人們就會想辦法偷懶，以做到最低限度為目標。就像是不喜歡整理的人會無法開始整理東西；如果是學生的話，當碰到不喜歡的作文題目時，只會想把規定要寫的頁數填滿就好。

當然，像這樣不想行動，最後往往無法拿出好成果。各位一定有過這樣的經驗。

要讓團隊自動自發動起來，必須要有讓人信賴的主管

這種自發性行為能夠提高生產力，據說「Want to do 曲線」和「Have to do 曲線」的差異，會隨著時間愈長，差異愈大，表現可能相差有四倍之多。

因此，為了提升團隊的業績，只要將員工心態由「不得不（Have

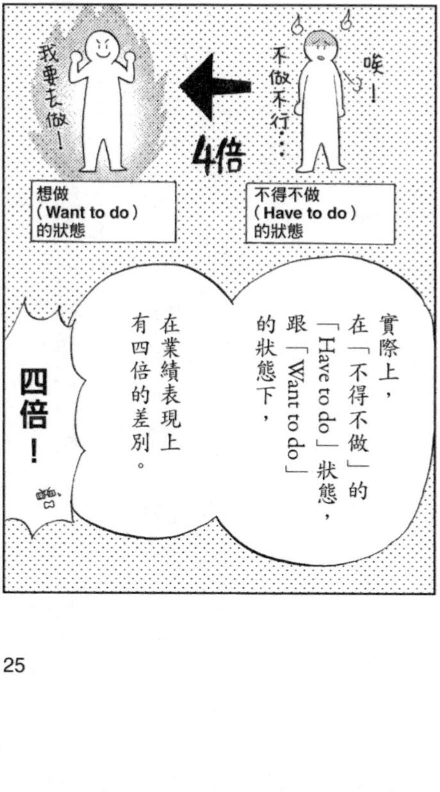

唉！
不做不行…
我要去做！
4倍
不得不做（Have to do）的狀態
想做（Want to do）的狀態
實際上，在「不得不做」的「Have to do」狀態，跟「Want to do」的狀態下，在業績表現上有四倍的差別。
四倍！

to）」轉變成「想要（Want to）」就可以了。

在此，請不要誤會，我們不是要改變員工的「個性」，目標僅針對員工的「行為」。

主管的目標，就是運用各式各樣的方法，讓員工把自己的工作當成「喜歡的事」、「想做的事」，創造出員工能持續做出自發性行為的環境，這也就是行為科學管理的基本。

將「Have to do」轉變為「Want to do」的各種具體方法，將會在後面的故事中逐一介紹，但不論是哪個方法，都有一個共通點。那就是身為主管的態度（行為）要「認同下屬的行為，並且稱讚他」。

因此，絕對不可缺少的，就是下屬對於主管的信賴。

讓下屬有「因為上司對我的行為都很認真地表示認同和稱讚，我工作起來很開心，就會自發地不斷行動」的實際感受，是很重要的。

這就是為什麼漫畫故事中給和彩的建議是「擁有長期性策略思考和挑戰的精神也很重要，但更重要的是得到下屬的信賴」。

我認為最重要的是，
「得到下屬的信賴」。

Column

休息一下 1

管理者並非高高在上的權利擁有者

有一種人一旦被授權為主管，就誤認為自己「握有權力」，擁有比團隊員工更高一階的地位。這種主管所管理的組織，不但成員無法發揮並達到最好的表現，組織內部的氣氛也不會有活力。

所謂的主管，單純只代表一種功能。

負責市場行銷的人員，主要業務就是做市場調查並將資料統計出來；負責業務推廣的人員，其工作就是透過很多媒體去販賣商品。

同樣的，主管只不過是接受「主管的業務」。

當然，當緊急事情發生時，由上往下的指揮也是必要的。

但是，在平時就應該盡可能做到扁平式組織。

這麼一來，就能創造出每個團隊成員都自動自發工作的環境，整個組織都動起來，成果自然而然就會提升。

能夠改變團隊那種被逼著要去做的「Have to do」心態，成為一個自動自發型的「Want to do」心態的團隊，就是需要
下屬對你這個上司的信賴！
驚訝
呃…

Chapter 1

受信賴主管的必備條件

Story 1 工作成果來自行為的不斷累積
「Naturel」
休閒服飾
總公司會議室
咔！
咔！
咔！
鬼澤先生，你有什麼具體的想法嗎？
咔！
關於檢討處
可以之後再提出報告嗎？
你現在沒有想法嗎？
咔！
商品販售部
鬼澤 愛兔 33 歲
咔！
還有啊！
開會時可以不要吃點心嗎？
這個？
對不起！
強硬
商品販售部
益子 育步 38 歲
育兒中的短工時員工

今天中午沒有時間吃飯…
真是的～
啪噠
對不起，我剛剛去查一件事。
所以就遲到了。
商品販售部
若狹 豪 29歲
開會時間已經先通知你了！
遲到只是藉口！
碰！
真的很抱歉！
真是的，這樣的團隊要怎樣才能提升成果啦！
哈哈哈！
OONSHOT

真是辛苦啊！
くっくっ
現在不是笑得出來的時候吧！
呵呵呵！
咚！
這個的確是在做很有意義的事。
根本就是在說風涼話…
真的是…
氣炸了
那麼，我們現在開始認真談談吧！
之前我曾對你說過，上司最重要的事就是「得到下屬的信賴」吧！
是的…
下屬會信賴哪一類的上司呢？
那種有大師風範的上司嗎？
理想的上司
的確有人是因為喜歡而崇拜那類的上司。

但是，實際上也存在一種上司，不是因為下屬的個人好惡而被信賴的。
那就是「能充分掌握下屬的優點和缺點」、「認同下屬的存在，並期望他有所成長」。
原來如此…
若要實現這樣的關係，有兩件事馬上就能做到。
什麼！那是什麼事呢？
第一件事就是「打招呼前要加上下屬的名字」。
咦！
就只是這樣嗎？

或許你認為這只是小事。
但是，做到這一點，就是「認同下屬的存在」的第一步。
不只是打招呼，就連平常說話時也非常重要。
說話嗎？
「你好認真喔！」或「你有沒有對什麼地方感到困擾呢？」
像這樣輕鬆地對下屬說話，也是必須的。
不要考慮太多，就輕鬆地對下屬說話，就可以了嗎？
但就是會去想啊…
慌張
慌張
說的也是。
認同說話對象的存在，就會讓下屬產生
信賴感
「一旦發生什麼事，都可以跟這個主管商量」的那種信賴感。

先做出一張下屬的名單表，接著把你跟下屬說話的次數記錄下來。
說話次數紀錄
A B C D
5/11
5/12
5/13
5/14
5/15
合計 8 6 10
如果發現有不平均的現象，就要更積極地跟那些比較少說話的下屬說話。
知道了，我會做做看！
那就是「寫下屬下的優點，和值得稱讚的地方」。
優點嗎？缺點的話，倒是馬上就可以想到……
對了，另一件事是什麼呢？

能夠正確了解下屬的優點和能力傾向，
就有辦法給予有效的指示及指導，
不是嗎？
說的也是⋯
嗯——
而且，
如果能找到下屬的強項，
你跟那位下屬的接觸方式，
也會自然而然的改變。
⋯⋯
雖然這兩件事都是馬上就可以做到的⋯
呵呵呵呵呵
但是，我自己主動跟下屬說話這件事，
跟我的個性完全不符，
也很像在巴結下屬⋯
哈哈！
你是不是因為自尊心而無法做到呢？
可能是⋯

思考一下，你認為自尊心很強的主管，能夠得到下屬的信賴，並提升成果嗎？
自以為了不起
想像自尊心很高的主管…
…
好像不可能…
焦急中
因此，只要將重點放在「行為」上就好了。
因為行為科學管理的基本就是：「工作成果來自行為的不斷累積」。
……
行為的不斷累積…

商品販售部
緊張
緊張
緊張
緊張
益…益子小姐，早安！
啊！…
啊！您…早安啊！
嚇一跳
又在自己的座位上吃麵包…
鬼澤先生，早安！
你好。
反應好冷淡！

這一切都是為了工作成果啊！
若狹先生早安，你好嗎？
呵呵
早安！
我很好。
奇怪？發生了什麼好事嗎？
驚
你為什麼要這樣問？
不是啦！因為系數小姐會跟我們打招呼，實在是太難得了…
你交了男朋友，是嗎？♪
還是明天要下雨了？
沒有惡意
並不是這樣的！
這傢伙就是這種地方讓人家覺得討厭啦！
怒

員工餐廳
沙沙
沙沙
啊！要找到優點真的很難…
如果是要找缺點，馬上就找到了！
嗚～
他說要好好意識到下屬的優點，
空白……
要養成將下屬的優點寫在筆記上的習慣，但是…
哎…
愣住
來，這是你的咖啡。
噢！你好貼心！謝謝！
對了!!
針對那個行為，就可以做些什麼。
不客氣
……
Coffee

剛剛益子小姐也是…
回想中…
她好像很忙，
不知道可以幫什麼忙呢？
敲
敲
敲
那個，請別介意…
我放小糖果在這裡。
因為你在用腦，應該會想要吃甜食吧。
……
即便是那樣的事，應該也是很棒的優點。
寫
寫
益子小姐
很關心我，
還問我
「需要我幫忙嗎？」
好了！
用這種方式，就可以把所有人的優點寫出來。
商品販售部

這是您昨天說的市場報告。
那……
先放在那邊……
啊！
轉頭
這個就是所謂的「優秀行為」吧！
謝謝你的調查！
若狹先生寫這種分析報告的速度都很快呢！
不、不會啦！
而且，你竟然能夠在一天之內就收集到這麼多資料。
很有分量……
這個…
大部分都是以前記下來的東西，只是再檢查有沒有錯誤而已。
真的嗎？
我的記憶力好像比一般人好。

真是太厲害了！
啪噠
我現在要外出了，會在半路上看你的報告。
看完後就會跟你連絡。
啪噠
好的…路上小心。
啪噠
怎麼了嗎？
系數小姐居然跟我說「謝謝」…
真難得！
呵呵…
話說，最近系數小姐給人的感覺，有一點改變…
好！我也來努力做其他調查！

稱讚下屬
好像是一件
不錯的事…
喀噠
叩咚
喀噠
叩咚
而且，
只要針對對方的
「行為」，
就可以輕鬆
稱讚對方了。
週末
MOONSHOT 酒吧
我們要打烊了。
不過，
你就慢慢看報告吧！
沒關係的。
啊！
真是對不起！
我太專心了，
完全忘記時間。
呼－！
這真是很有分量
的報告。

我有一個記憶力非常好，很會分析的下屬。
那個消息曾在○年○月的新聞報導被提到。
某人的電話號碼是○○－△△△△！
我請這個下屬去做調查，馬上就做出這麼棒的報告。
那真的很厲害呢！
在我增加了對下屬打招呼和說話的次數後，
我竟然看到之前都沒有發現的下屬另一面，
而且整個團隊都開始動起來了。
微笑
那真太好了！
是啊！
ベビー服市場の未来と現実
好了，我再努力一下吧！
好好加油！

Chapter 1-1

要成為受信賴的主管

馬上就可以開始做的兩件事

漸漸對自己的管理能力失去信心的和彩，因為得到一個忠告：「若要營造一個成果向上提升的團隊，就只要將團隊中的八成非常普通的團隊成員的『不得不（Have to）』心態改變成『想要（Want to）』的心態就好了。」讓和彩找到了希望的曙光，決定要去實踐所謂的「行為科學管理」。

一開始的課題中，最不可少的就是獲得「下屬的信賴」，才能進而將他們對工作的「Have to」心態改變為「Want to」心態。因此，必須明確知道受信賴主管需具備的條件。

你認為，「能被信賴的理想主管」是怎麼樣的人呢？是擁有大師風範的人物嗎？

還是永遠都抱持著堅毅果決態度的人呢？還是那種具有優秀的事物交涉能力的人呢？這些答案因人而異，每個人都會想到各式各樣的條件。

但是從「行為科學管理」的觀點來看，要將下屬對工作的「Have to」心態改變為「Want to」心態，這種**「受信賴主管的條件」集中在「認同下屬的存在，並期望他有所成長」與「能夠充分掌握下屬的優點」這兩點**。

若要達到這種條件，從今天起有兩件事可以開始做。

1 在向下屬打招呼時，要把下屬的名字加上去

在「行為科學管理」中，能夠確實認同下屬的「正確行為」，是一個非常受重視的過程。對人們而言，「自己的行為被別人認同」這件事情，是非常重要的，這會引導人們去做一些自動自發的行為，詳細內容會在Chapter 2說明。而其基礎就在於剛才提到的「自己的存在被認同」。若要讓人與人之間有信賴關係，這是非常重要的元素。

「自己的存在被認同」聽起來似乎有點誇大，但只要在平常的溝通上下點工夫，就能讓對方感受到你對他的認同。方法非常簡單。當你要跟下屬打招呼或說話時，只要像「早安，○○小姐」、「○○先生，辛苦了」這樣，加上那個人的名字就可以了。

實際上是很微小的事，但是不斷累積下去，就會連結到下屬對你的信賴感。

2 找到下屬的優點，並寫下來

我在研討會上，曾經出過一個題目：「將你下屬的優點和缺點全部都寫下來」。結果是，有很多人都頭疼地表示：「要是寫缺點，不用思考就會一直想到，但如果要寫優點，就很難了……」要依據公司的經營策略去指派適任者，是身為主管的重要任務之一。因此，掌握每位下屬的優點，對主管來說是不可或缺的能力。但是，為何只會一直看到下屬的缺點呢？這是人類的習性，說到底就是一種「習慣」。

因此，我希望身為主管的各位能夠做到的，就是像漫畫中提到的那樣，將下屬的優點寫在筆記本裡。

這種方法很自由，舉例如下。

「每天一定要找到團隊中的某個人一項優點」、「每天找一個對象來觀察，當發現他有好的行為時就記錄下來」等等。如果按照這個方法持續一至二週，就能「習慣」看見下屬的優點，更重要的是，應該能發現關於下屬的很多事情。

≫ 溝通就是要讓「次數」增加

公司內部的溝通，除了能加強下屬與主管的信賴關係外，也是活化職場時不可或缺的事情。但是，有很多主管都因為無法良性溝通而煩惱著。

我能夠提供的建議只有一個，那就是「不論如何都要增加溝通的『次數』」。

有一家企業發明了一種測量溝通次數的系統（例如，甲和乙花了多少時間面對面溝通等）。

使用了這個系統的企業，測量了兩個從事相同工作的部門的溝通次數，他們分析的結果是，業績上升部門的溝通次數，是業績沒有上升部門的三倍以上。

最近幾年，不論是哪裡的公司，都有離職者增加的問題。在針對離職者的意見調查裡，當被問到離職的理由時，大多數離職者都會在離職原因選項裡選擇「跟主管的溝通不足」。當然，一個人會決定要離開公司，應該有很多原因，但是主管如果能夠增加溝通次數，也許可以讓離職率下降一些。

那麼，你跟下屬有做到充分的溝通嗎？應該有人會回答「很有自信」或「可能溝通不足」等。但是，這樣的判斷只是根據感覺做出來的。**我所推薦的方法，是根據行為科學管理的基礎來計算「行為次數」，也就**

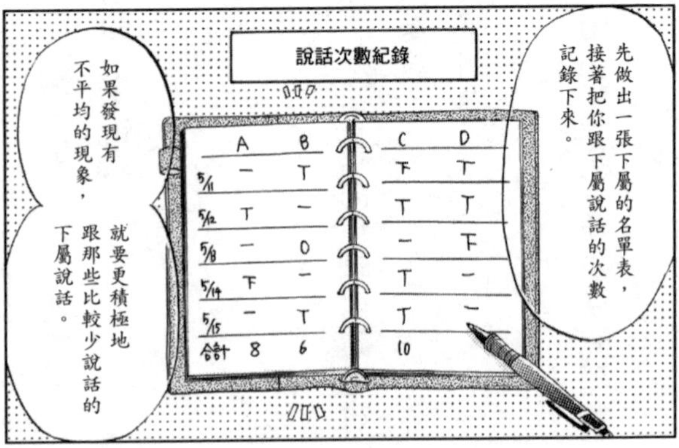

是Story 1中和彩小姐採用的方法。

在筆記本中，先寫上所有團隊成員的名字，早上打招呼說了「早安」之後，就在上面寫「一」，當下屬從外面回來時也打了招呼，就在上面再畫「丨」，或是一起搭電梯時有聊天，就在上面再畫「一」，像這樣，用寫「正」字的方式逐一記錄你和下屬接觸的次數。

在持續記錄一、兩週後，你就會明顯發現，自己會因為不同的下屬，打招呼的次數會有所差異。當然，難免會有容易交談和很難交談的對象，但無須為了這個而苦惱。當你發現有自己很少溝通的對象時，就要常常到那個下屬的座位旁，有見到面，就能增加溝通的次數。

至於溝通的內容，無須多加考慮。總之，只要看到對方，就跟他說話。光是增加對話的次數，彼此間的溝通就會漸漸改善。

Chapter 1-2

工作成果完全被「行為」左右

在工作上創造成果的人都有做到「能創造成果的行為」

以往一般的管理方法，就是先提出目標數字，再依據是否達成目標的「結果」來判斷員工的價值，並按照「結果」給予員工報酬。

這種方法只著重於結果，對於達不到目標的下屬，主管只會下令鞭策說：「你到底怎麼了？要多加油！」但是，這種方法能夠讓所有員工因此成長並提升業績嗎？「行為科學管理」的方法是不一樣的。

主管應該注意的不是「結果」，而是下屬的「行為」。為什麼呢？因為所有事物的「結果」，都是因為「行為」的不斷累積而來的。

以游泳一百公尺自由式個人最高紀錄五十五秒的選手為例，那個紀錄的「結果」，是游泳時跳入池中的姿勢或角度、手部滑水的動作、換氣次數及時間、折返動作、碰觸終點等，一個個行為的累積。

或是，假設有兩個人用相同的材料做漢堡肉，從揉捏材料開始，到捏成肉餅、加熱平底鍋、調整火力、確認肉餅的熟度等，也會因為一個個行為的累積，讓最後成品的味道或外觀（結果）有所差異。

工作上的結果

如果想要改變「結果」，像是「想要縮短游泳紀錄」、「想讓漢堡肉變得更好吃」時，應該做什麼事呢？大家都知道，像這類「不管如何，就是以五十四秒為目標！再來就是決心！讓我看看你的毅力！」「為什麼不能變得更好吃？再多用心點」等，去怒罵當事人，是一點也沒有意義的。

可是在工作上，那種怒罵下屬「為什麼不能達成目標，你沒有認真做吧！」的主管卻到處都是。主管不該用下令或怒罵的方式，**如果想要改變「結果」，就一定要改變下屬的「行為」。**

如果是游泳，就要仔細確認從一開始到結束的動作（行為），將需要改善的地方告訴選手，然後指導選手練習到完全熟練為止。

想要提升業績，就應該找到能夠提升業績的行為，讓所有員工去實踐。主管要做的事情就是這麼簡單。

要去改變下屬的性格和想法，其實並不簡單。但是，若要改變下屬的「行為」，只要知道方法，誰都可以做得到。

身為主管的你，要明確地提示能讓業績提升的「行為」，並支持下屬不斷地累積那些「行為」，毫無疑問的，「結果」一定會改變。

「行為科學管理」就是在告訴你各式各樣的具體方法，以便「改變下屬的行為，提升成果」。

Chapter 1-3

只針對下屬的「行為」做評價

以「行為」為主軸，誰都會變得「很會稱讚」、「很會說話」

我已經提過多次，「行為科學管理」很重視主管對下屬的「認同、稱讚」。這幾年來，一般的管理方法好像也開始迅速推廣「認同、稱讚」。

但我在意的是，有人對於在工作場合上所需要的「認同、稱讚」的意義，有錯誤的認知。尤其在下屬是異性，或是下屬跟自己的年紀差距很大時，這種情況特別明顯，經常以「這件衣服很漂亮」、「今天的髮型也很酷」，只針對對方的外型去稱讚。

此外，還有跟和彩一樣，覺得「自己主動跟下屬說話，好像是在諂媚下屬」的主管，以及因為「稱讚下屬那種讓人害羞的事，我做不來」而退縮的主管。

我要藉這個機會好好說明，讓你明白，**「認同、稱讚」的內容僅針對下屬的「行為」**。

最基本的事情是，主管要針對下屬「為了提升成果而做的一些必要行為」進行確實的評價。

其他還有「打招呼時都很積極爽朗。請各位都向〇〇先生學習！」「感謝你將備品整理好了！這樣一來，放置的位置都能一目了然了。」「你這麼快就從網路上找到有用的資訊，真是幫了很大的忙！」等，只要去認同或稱讚下屬所做的「好行為」就可以了。

對於大多數社會人士而言，因為自己在工作上的行為而被稱讚，會比因為服飾或髮型而被稱讚，要令人開心得多。這能夠讓人提升工作意願。

對於那些覺得「要去稱讚他人，真是令人覺得害羞」、「總覺得好像在諂媚」的人，我給的建議是「稱讚的內容不是那個對象本身，而是『行為』」，只要這麼想，實行起來會意外地簡單。

但是，主管中也有不少那種覺得自己「非常不會說話，沒有說服下屬的能力」、「無法像隔壁的部門主管一樣，靈活運用語言來領導下屬」，所以一味地認為「自己沒有溝通能力」。

或許，他們認為能夠靈活運用語言來鼓舞下屬，是一位優秀主管必備的溝通能力。

但是，我們思考一下，工作的成果（結果）是行為的不斷累積，所以只要將對下屬的指導或招呼，集中在那些「行為」就可以了。

像這樣「做這些行為就可以了」、「那個行為改成這樣就可以了」等，以「行為」為主軸去跟下屬對話，主管根本就無須擁有「堅毅熱情」的話術或是很厲害的說詞。

我們應該要完全拋開那種「認為自己對於溝通完全不拿手」的意識。

經常聚焦在以「行為」為中心的溝通模式，團隊的業績一定會提升，也能將下屬培育成具有自發性行為的人才。

跟下屬是否投緣，與工作無關

「對於很不投緣的下屬，要如何溝通才好呢？」

這是很多主管經常問我的問題。

我的回答每次都一樣。

「跟下屬投緣，並不是主管的工作。」

再重複一次，工作成果是行為的累積。

所謂的下屬，就是工作上的夥伴，主管該聚焦的事情，並不是「彼此是否投緣」、「喜歡或討厭這個人」或是「對方的情緒」，而是那個下屬的「行為」。

請觀察看看，下屬在工作上有哪些行為是非常優異的。

「雖然不太會說話，但很能夠聽取客戶的煩惱。」「看起來吊兒郎當，但不管任何時候都能夠遵守交貨期限這點，很值得學習。」

像這樣，透過行為，看到下屬好的一面，對你而言，那位下屬也會從那種「總覺得不投緣」的人變成「重要的團隊成員」。

首先要做的，是從注意團隊成員的行為開始。

Column

休息一下 2

當下屬做了理所當然會做的事，也要好好稱讚

當下屬做了那些理所當然的事，「一定要大驚小怪的稱讚嗎？」「這樣不會太寵下屬了？」

如果你有上述的感覺，就代表你對於「行為的習慣化」的理解還不夠。

要讓下屬將「你所期望的行為」變成一種習慣，就必須讓他不斷重複這些行為，並對這種「被期望的行為」有充分的認知。

例如，在教別人如何開車時，不能只在車子超過限速時去指正，而是當對方的行為是「遵守限速，以每小時六十公里行駛」時，就要好好稱讚。

例如，在指導別人打網球時，學員做了一個正確的姿勢並打到對方的發球，就要馬上稱讚：「現在這個姿勢很棒喔！」

這種稱讚能夠將「你所期望的行為」，變成下屬的一種習慣。

在工作上也是一樣。當下屬做出被期望的行為時，就算當主管的你認為這些是「理所當然會做的事」，也應該換個角度想：就因為是理所當然的，更應該要好好稱讚下屬。

Chapter

2

主管的「傾聽」技術

Story 2 召開小型會議的必要性

話雖如此，但我的下屬都不跟我說真心話啊！
那是因為有很多時候上司說太多了！
嗯……
悶
是這樣嗎？
像是在問下屬是否有困擾的事時，
上司本來應該是處在傾聽的立場，但不知從何時開始，又變成上司只顧講自己的，有時就變成在指導，不是嗎？
驚
訝
我的好多事情，都被他猜中了……
「那麼，這件事這麼做就可以了。」
呃……
「不是那樣的，要這樣做才對！」
真是的
由我來吧！

這麼說來，「傾聽」這件事感覺上很簡單，實際上卻很難。
唉……
沒錯！
所以，能夠真正傾聽別人說話的人是很難得的！
在那種主管底下做事的下屬，既會好好工作，也會將他們真正的心聲或不滿說出來。
那要怎麼做才能變成會傾聽下屬說話的主管呢？
我們想像一下工作上經常發生的情境，例如主管收到下屬的報告或討論。
是！
下屬會來到你的座位旁吧？
這個就去找課長討論吧！

那時，身為主管的你連頭也不抬，只用耳朵聽下屬說話，對方會認為你有認真在聽嗎？
敲 敲 敲 敲 敲 敲 敲
那…那個
真的…
好像經常這樣
應該要兩個人都到其他位置，或是幫下屬找椅子，
讓兩人都坐下來，這樣才對。
我們到那裡談。
請你坐在這裡。
原來如此…
然後，不管身為主管的你是否有話想說，或是有一定要指導的事情，
都得等到下屬把想說的話全部說完。這是最重要的。

要把下屬的話從頭到尾聽完啊……
如果你覺得要將下屬的話全部聽完是很困難的事，
建議你每次聽下屬報告時，就用○△╳記錄，看看自己能否聽到最後。
CHECK
這個方法真不錯！
聽完下屬的報告後，要稱讚下屬「有做到的行為」，
然後再提供你的感想或建議。
我會試試看！

然後，你要召開一種能夠影響下屬每日行為的小型會議。
小型會議？
就如同字面的意思，短時間的小型會議
目的是要檢討並評價下屬每日的行為，好讓下屬持續做出你所期望的行為。
例如，針對「每天要有五十件電話預約」的目標，如果達成了，就稱讚下屬；如果他沒有做到，就去了解原因，並跟下屬一起找出改善的方法。
達成目標時
稱讚
做得真好！
沒有達成目標時
・了解理由
・一起思考改善方法

的確，當我們只聚焦在具體行為時，對方比較容易採取行動，也能確實確認目標是否有達成。
重點在於這種小型會議不能間隔兩週以上。
像是要預定好每個月第一週的星期四和第三週的星期四，某個時段開始，每人十分鐘的會議。
但是，一般的預定行程都已經塞滿了，怎麼還會有時間？
就是因為很忙，更應該要做！
對於行為的評價是一種獎勵，能夠給人持續下去的動力。
即便如此，要一個繁忙的主管每天確認下屬的行為，並仔細評論，也是很困難的。
是啊…

因此，如果能召開預先就決定好日期的小型會議，
就能夠透過稱讚下屬，引導他去做那些能提升成果的行為。
……
原來如此…
我懂了！
如果還有其他要注意的地方，請告訴我！
沒問題，請你好好加油吧！
BAR

討論室
小型會議的第一天
……
……
這…好難過…
沉默
…
…
我完全不知道這個人到底在想什麼，好難喔…
在進入正題之前，先來暖身吧。
好！
你今天中午吃什麼？
咦？

我吃蛋包飯。
他居然吃了那種跟長相一點也不搭、外觀可愛的食物！
吃鯖魚定食
你是在哪家店吃的？
FAUST連鎖店。
那裡的咖啡很有名。
蛋包飯是那裡的隱藏版美食。
真的？
近藤先生說，要「強化」下屬說話的行為，就要問一個他絕對答得出來的問題。真的很有效果，馬上就成功了！
太好了！
我下次也要去！
知道了。
原來是這麼一回事。
當我表現出有在傾聽的姿態時，對方也比較容易說出口。

話說，有關嬰兒用品的企畫案，進度怎麼樣？
嚇一跳
那個…
因為有其他事情，還沒開始著手…
那是什麼理由！
沉默…
…
呃…
不可以生氣…我…
沒關係，我一直拜託鬼澤先生很多事情，你幫了我很大的忙。
要認同下屬的行為，即便很困難，也要做出「有所認同」的態度。
沒有啦…

最重要的是，在「稱讚」和「責罵」之間取得平衡。
理想的比例是，稱讚四次、責罵一次。
4:1
而且，你的企畫案做得很好，我非常驚訝！
不停揮手
不，不，沒有多好啦！
麻煩你在這個星期內完成我拜託你的企畫案。
如果有什麼會影響進度的事情，我們就一起來想辦法吧！
其實…我有件事情想跟你討論…

關於〇〇事情，請看這個…
我看看
怎麼樣呢？
……
這個
是非常好的想法！
你能想出這麼多方案，實在太厲害了！
……
謝謝您的誇獎。
那就請你在下次會議前好好加油了！
是！

商品販售部門
呼！
鬼澤先生，會議開得如何？你被罵了嗎？
沒事吧？
沒有被罵…
我反而很清楚要做的事了。
有一種能夠積極向前進的感覺！
驚
笑容!?
真的？好意外喔！
呵呵呵！

幾天後
這是鬼澤先生的企畫案！
嗯？
翻開
便條紙？
讓您久等了。
非常抱歉。
因為有您的指導，
我才能完成這個報告。
謝謝您不斷地照顧及指導。
鬼澤敬上
喵！
咦—
系數小姐怎麼了？
呃……
真的怪怪的

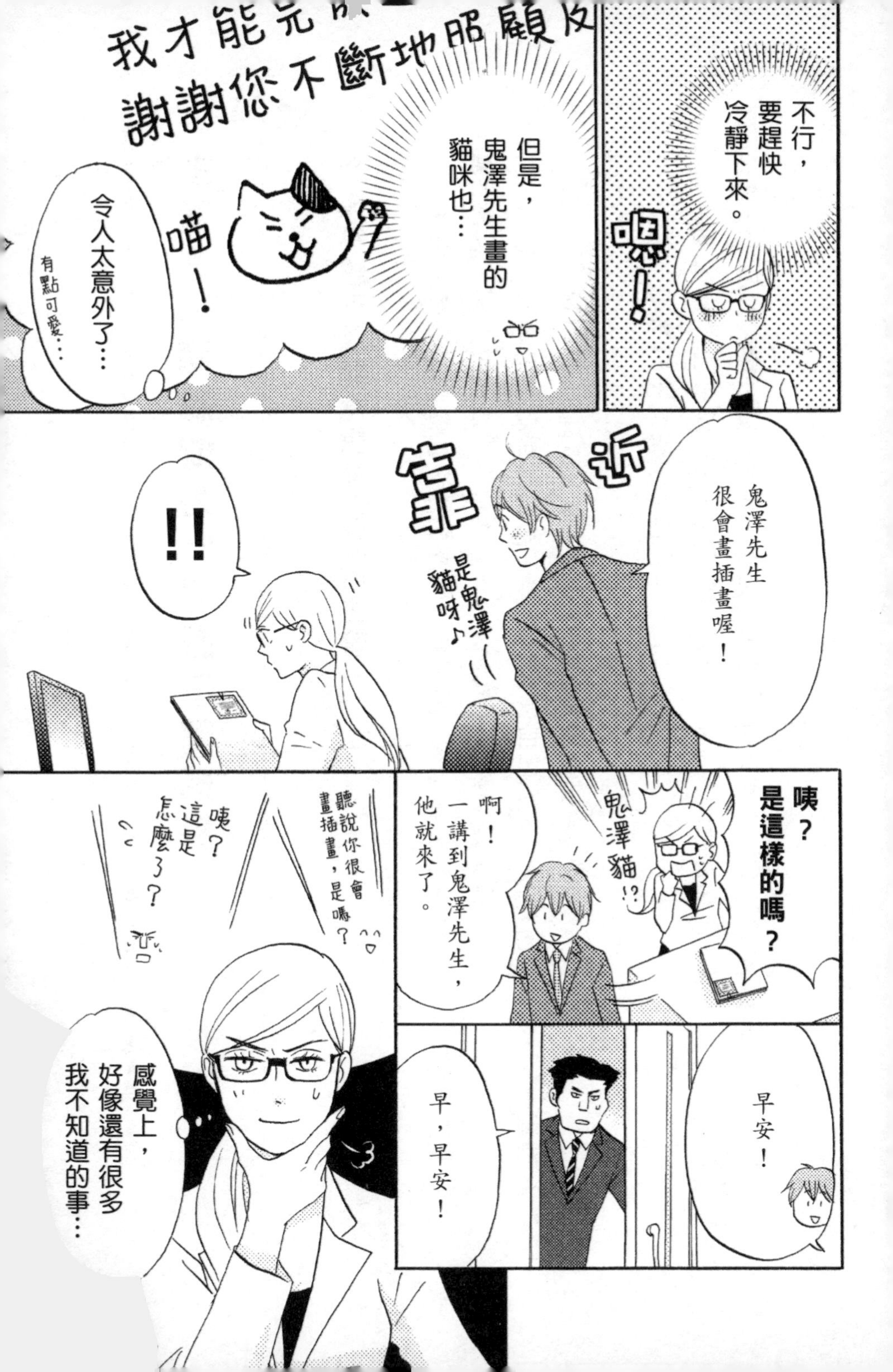
謝謝您不斷地照顧及
我才能完成
不行，要趕快冷靜下來。
嗯！
但是，鬼澤先生畫的貓咪也…
喵！
令人太意外了…
有點可愛…
鬼澤先生很會畫插畫喔！
靠近
是鬼澤貓呀♪
!!
咦？是這樣的嗎？
鬼澤貓!?
啊！一講到鬼澤先生，他就來了。
聽說你很會畫插畫，是嗎？
咦？這是怎麼了？
早安！
早，早安！
感覺上，好像還有很多我不知道的事…

Chapter 2-1

主管的「傾聽能力」可讓下屬成長

成為讓下屬願意說真心話的主管

和彩小姐由自己做起，積極地跟下屬說話，增加溝通的次數，並且針對每個下屬的專長，聚焦在下屬的「行為」上，她的團隊就漸漸被激發活力了。

但是，又會有一個新的煩惱出現，就是當自己看清了下屬的行為後，「下屬們不跟自己說真心話」。這是不是許多主管都會有的煩惱呢？

為何下屬不跟主管說真心話呢？

他們不是一開始就決定：「如果是這個主管，不管是煩惱或不滿，都可以攤開來說！」而是在做小型報告時，根據主管的對應方式，或是觀察團隊成員與主管對話的樣子，無意識中決定「這個主管是不是能夠傾聽自己說的話」。

會被認為「這個人好像不會傾聽我說的話」的最主要原因，是因為主管自己說太多了。

一般而言，因為主管在那個領域中的經驗比較豐富，在所屬業務範圍內可能會發生的困難，主管都已經經歷過類似的事件了。因此，當下屬才開口說：「今天，在客戶那裡發生這樣的事情……」主管就會阻止下屬繼續說下去，並說：「那麼，只要這樣做就可以了。」只用自己的經驗為基礎去判斷事情。

如果不讓下屬把話說完，那個人藏在心裡的真心話等，是不可能說出來的。類似的經驗只要有過幾次，下屬或團隊成員就會認為：「反正主管又不會聽我說，說了也是白講。」因此，那種「有什麼事時，就找主管商量」的想法，會漸漸萎縮消失。

這樣的主管所需要的是培養「傾聽下屬說話的行為」，並且要增加這類的行為。

》打造傾聽下屬說話的環境

在「傾聽下屬說話的行為」中，最重要的是先將下屬說的話從頭到尾聽完這件事。

如果主管想提建議或是說自己的經驗談，就要等到下屬說完之後。我會特別提出來，是因這件事看起來沒什麼，實際上做起來是很困難的。主管總是不知不覺就想要插話。

所以，主管必須要決定一個「傾聽下屬說話的固定模式」，好讓自己能夠輕易做到「傾聽下屬說話的行為」。最快的方式，就是讓行為規則化，確定好「在這裡說」、「在這個時間說」的固定模式。

以下是我自己在幾年前的經驗。對於自己有興趣的書，或是工作需要的資料，不管有多忙，我都會想辦法去看，但那種「沒什麼興趣，但讀了會比較好」的書籍就會堆在一旁，讓我非常困擾。某一天，我只帶了應該讀的一本書和錢包，到附近的咖啡廳去試試看。令人驚訝的是，在那種手邊沒有桌上型電腦或筆記型電腦，電話也不會響起的環境下，我就能集中精神讀書了。從此之後，若是要讀這類書籍，我就會強迫自己待在那種環境中。

身為主管的你，也要試著打造出「傾聽下屬說話的環境」。例如，「移動位置到部門的討論區，跟下屬坐下來談」、「拿一把椅子放在自己的座位旁給下屬坐，自己面向下屬」等，像這樣將自己放在「傾聽下屬說話的環境」中。當主管有這樣的意識時，就能夠減少自己魯莽地插話的情況。

另外，如果要集中精神傾聽下屬說話，先決定好時間也很有效。

例如，你正在處理某項工作，有下屬說「有件事想報告」時，可以回答：「我現在正在忙，下午四點時我再聽你報告。」如果你有事要問下屬，就提議說：「我想聽你報告上次那件事，可以在下午兩點給我十分鐘的時間嗎？」

這麼一來，說話的下屬或團隊成員，還有身為主管的你，都會有所準備，即便是很短暫的時間，也應該能集中精神順利地報告或傾聽。

傾聽下屬說話時，就算有想要糾正、必須指導的地方，也要先將下屬的話聽完。如果你有任何在意的地方，就先寫下來，等下屬把想說的話全都說完後，再提出來。

對於讓下屬把想說的話從頭到尾說完，實在很不拿手的主管，建議你可以像漫畫中的系數小姐，就算是寫在筆記本的角落也可以，當下屬在報告時，就寫下「○」「△」、「╳」來確認自己是否「能夠將下屬的話從頭到尾聽完」。如果「○」的比例高於「△」或「╳」的話，不僅自己的心情會很愉快，也能感受到下屬的報告品質提升了。

Chapter 2-2

有助於創造工作成果的「小型會議」

如何支持下屬創造工作成果

我已說過多次，工作的成果就是行為的累積。

能夠創造工作成果的人，就是做了「能創造工作成果的行為」。也就是說，當能創造工作成果的行為不斷被重複時，不管是誰都一定能夠提升工作成果。

這個理論就是實踐「行為科學管理」的最大前提。

如果想要下屬提升工作成果，主管就必須要能夠支持下屬「重複能創造工作成果的行為」。換句話說，就是要「讓能創造工作成果的行為變成習慣」。

若要「讓能創造工作成果的行為變成習慣」，必須做到以下三件事。

1、找出「能創造工作成果的行為」有哪些。
2、確認下屬是否真的有重複做「能創造工作成果的行為」。
3、想辦法讓下屬持續做「能創造工作成果的行為」。

如果主管能夠持續實踐這三件事情，讓「能創造工作成果的行為」變成習慣，工作成果自然就會提升。

但是，就算腦中知道要這麼做，在繁忙的日常業務中，要正確地不斷執行前述的三件事情，其實是很不容易的。因此，若要固定執行這些事情，必須靠主管和下屬兩人之間的短時間「小型會議」。

或許有很多人認為，「如果是主管和下屬的會談，有績效考評會議不就夠了嗎？」關於績效考評會議，不同公司之間或許有舉行這類會議的頻率差別，但幾乎所有公司都會舉辦，但是在那種場合所談的目標，都僅止於工作上的目標結果。

在此之前，我也多次提過，行為要重複累積很多次，才能變成「結果」，光是看到「結果」，就對下屬說：「你要再加油啊！」讓下屬回答：「好的，我會加油！」這樣是沒有用的。

而且，績效考評或是類似的會議，就算開再多次，也不過一年兩、三次。若要籌畫出能夠協助下屬的「日常行為」，這種績效考評會議的時間間隔就太長了。

請將績效考評會議，跟那種讓下屬的行為變成習慣的「小型會議」，當作是兩件完全不同的事情。

然後，
你要召開一種
能夠影響下屬
每日行為的小型會議。
小型會議？

≫小型會議的執行方式

要讓「你所期望的、可提升工作成果的行為」不斷重複，就一定得找出這類行為有哪些。接下來，就介紹透過小型會議實踐這件事的順序。

1 決定「你所期望的行為」——找到與成果相關的行為

首先，要將在那個領域中做出最佳成果的人之行為，一個個詳細地寫下來。以和彩小姐負責的商品販售部來說，有「公司內部的設計師、採購、打板師、公關等工作夥伴，每週見一次面，開小型會議」、「每個月一定要提出三份新的商品企畫案」、「選出協力廠商，每週跟他們約一個時間見面」等。

對於在「Naturel」休閒服飾店門市服務的店員，「馬上找到多款客戶想要的衣服」、「在顧客到櫃檯結帳前，介紹與其購買商品相配的其他商品」等，就很有可能是「你所期望的、與成果相關的行為」。

其次，針對參加小型會議的那個人（成果不佳者），也要將這個下屬的行為一個個詳細地寫下來，與剛才的清單做比較。

在找到「你所期望的行為」候選清單後，要由主管和下屬一起討論，來決定哪些是「你所期望的行為」。

「每週跟其他部門的成員開一次會」、「在顧客到櫃檯結帳前，介紹與其購買商品相配的其他商品，我認為銷售業績一定會提升的，請試試這個方法」等，由主管向下屬提案，當雙方達成共識後，就結束第一次的小型會議。

2 確認——確認「行為」的實行次數

在第一次的小型會議結束後，就要馬上開始行動，也就是在日常的工作流程中加入「你所期望的行為」。

要怎麼確認「你所期望的行為」是否有被下屬確實執行呢？

在行為科學管理中，採用一種計算「行為次數」的方法，就能夠客觀地對此進行判斷。

若是由繁忙的主管每天計算及確認下屬和組織成員的行為次數，是不切實際的一件事。因此，要由下屬自己計算，並寫在筆記本裡。

然後，下屬要將「行為次數」製作成表格，拿到第二次的小型會議中，由主管與下屬確認。

3 意見回饋——增加「行為」次數

當主管收到報告後，應該要怎麼做呢？

首先，不要去管下屬總共完成幾次，而是以「很好」、「你很努力」去評價下屬已經實踐的「你所期望的行為」。

為何只要稱讚行為就可以了呢？讓我用「ABC模式」來說明吧。

A＝Antecedent（先決條件）——採取行為之前的情況。

↓

B＝Behavior（行為）——行為、發言、舉止

← C＝Consequence（結果）——採取行為之後，情況立即產生了變化。

這個就是ABC模式，可用來說明當人們重複某個行為或放棄某個行為的理由。為了讓大家容易了解，就拿「開房間的暖氣」的行為來說明。

A 先決條件：「房間很冷。」

← **B 行為：「打開暖氣的開關。」**

← **C 結果：「幾分鐘後，房間變暖和了。」**

A、B、C之間有明確的因果關係，因為房間很冷（A），就會引發打開暖氣開關的行為（B），得到的結果（C）「房間變暖和了」是被期望的，接著就會影響到A，當下次房間裡變冷時，就會重複打開暖氣的開關（B）這個行為。

總之，**如果因為做某個行為而得到好結果，人就會重複那個行為；如果結果是不被期望的，人就會放棄做那樣的行為。**

在工作上也是一樣，當下屬做了「被期望的行為」，得到好的結果後，他就會去重複「被期望的行為」。不同的是，在工作上，即便做了「被期望的行為」，不見得會像打開暖氣開關那樣，馬上就能得到好的結果。因此，下屬就會漸漸怠慢下來。

因此，行為科學就是要「強化」那個行為。簡單來講，「就是在行為結束後，馬上稱讚那個行為」。例如，若是在學英文，「如果已經練習完事前決定好的頁數，就可以吃一顆高級巧克力」之類，就是「強化（稱讚）」。

那麼，適合工作場合的「稱讚」是什麼呢？你應該知道吧。在行為科學管理中，將主管對下屬「認同、讚美、給予評價」的行為，認為是一種給下屬的「稱讚」。

如果「稱讚」是來自自己信賴的主管，下屬就會覺得更高興了。因此，在下屬實踐了「你所期望的行為」時，主管就要在小型會議中稱讚，並且支持下屬今後持

小型會議的執行方式

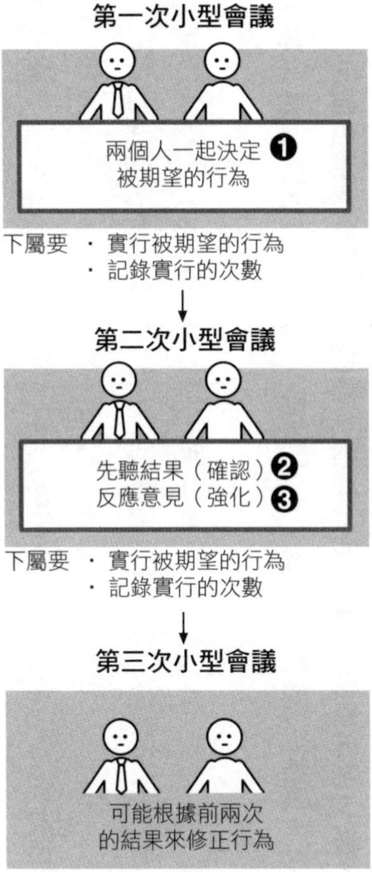
第一次小型會議
兩個人一起決定 ❶
被期望的行為
下屬要 ・實行被期望的行為
・記錄實行的次數
第二次小型會議
先聽結果（確認）❷
反應意見（強化）❸
下屬要 ・實行被期望的行為
・記錄實行的次數
第三次小型會議
可能根據前兩次
的結果來修正行為

例如，
針對「每天要有五十件電話預約」的目標，
如果達成了，
就稱讚下屬；
如果他沒有做到，
就去了解原因，
並跟下屬一起找出改善的方法。
達成目標時
稱讚
做得真好！
沒有達成目標時
・了解理由
・一起思考改善方法

決定被期望的行為 ❶ → 實行 → 確認 ❷ → 反應意見 ❸ → 實行
如此重複循環

續重複同樣的行為。

若是下屬實行「你所期望的行為」的次數很少，或是幾乎沒有做到時，主管就要好好傾聽下屬的聲音，並探討原因，提供改善建議給下屬。

「你所期望的行為」無法被充分實行的原因，若是與工作環境或其他部門有關，是下屬本人無法解決的，主管也要去想其他方法。

只要「實行被期望的行為」→「確認」→「強化（認同／稱讚）」→「實行被期望的行為」的循環重複幾遍後，這種「被期望的行為」就會成為下屬的習慣。

這麼一來，「要增加次數嗎？」「有進行了其他被期望的行為嗎？」等這些項目，也可以在下屬和主管的對話中進行調整或變更，以改善情況。

Chapter 2-3

召開小型會議的要領

讓會議長久持續下去

接下來要介紹，如何讓利用工作空檔舉行的小型會議，成功發揮成效的要領。

● 每個月召開兩次

如果想要讓某個行為成為習慣，就要盡量不讓那個行為有暫停的情況，最重要的就是去「強化」它。最理想的狀況是「採取行為後的六十秒內」，若是成年人，這種強化在「兩週內」進行，還是有效的。建議大家召開的頻率是一個月兩次。若是每週的話，可能會讓人有窒息的感覺，最好是隔週召開。

•固定小型會議的召開時間

如同前面Chapter 2-1所說的，要使行為成為習慣的話，就需要「在這個地方」、「這個時間」製造出一個模式，才會有效果。例如，「小型會議要在第一週的星期四和第三週的星期四召開。A小姐從下午四點開始進行十分鐘，B先生從下午四點十五分開始進行十分鐘，C小姐……」。

重點在於這種小型會議不能間隔兩週以上。
像是要預定好每個月第一週的星期四和第三週的星期四，某個時段開始，每人十分鐘的會議。
但是，一般的預定行程都已經塞滿了，怎麼還會有時間？

•若下屬有確實回答，就要給予鼓勵

如果要提升小型會議的效率，下屬必須要能對主管說實話。然而，這在一開始是無法馬上就做到的。這時，建議主管要找到幾個絕對能夠回答的問題。

例如，「午餐是在哪家店吃的？」「外面很冷嗎？」「你要參加下週的課程嗎？」等，不論話題為何，主管都要問一些下屬絕對可以回答出來的問題。

然後，當主管聽到下屬的回答時，也要有「你也是這樣嗎？」「咦，真令人意外！」之類的回應。

這樣的話，下屬會覺得自己說出來（這個行為），得到了有所回應的「好結果」，他的「面對主管說話的行為」會被強化，漸漸就容易開口說話了。

請各位一定要試試看。

Column

休息一下 3

要區分下屬的要求是「請求」或「報告」！

這裡要介紹的是，當你在傾聽對方說的話時，其中有兩種暗示，一種是「請求」，一種是「報告」。我們以小孩向母親大聲說「水！」為例。

如果是「因為喉嚨很渴，想要喝水」時，這種帶著要求意味在內的，稱為「請求」(要求的語言)。如果是母親對著手拿裝了水的杯子的孩子，詢問道：「這是什麼？」 而孩子回答：「水！」那就會被分類成「報告」(行為的報告)。這時，如果母親對著孩子稱讚說：「答對了。你知道那是水。」那麼句中的「水」這個字就擔負著回應報告的功能。

在酷熱的夏天裡，從外面回來的主管，如果重複地說「好熱！ 好熱！」的話，那就不是要下屬有同感地回答：「是啊，還真熱呢！」而應該是「想請你將冷氣溫度調低」的這種「要求」的可能性較高。如果下屬連這點都無法察覺，難免會被罵說：「這種事情不用說也應該知道吧！」

在傾聽下屬的報告時，如果聽到「今天發生這樣的事」這類的話時，就必須去區分這是單純的報告或是「所以我希望你幫助我」的請求。

Chapter 3

教的技術可以運用在各類型下屬

Story 3 創造出讓人容易報連商的工作環境
會議室
真是的
要在這個少子化的時代推出嬰兒商品嗎？
一臉不悅
就算市場縮小，也不是完全沒有需求，
如果銷售策略很好的話…
好啦，好啦，
這件事下次再說。
你先報告上次那件事。
好…好的。
結果最大的問題出在成本，
為了要重新選定合作廠商，要從估價那邊…
怎麼現在還在做這個…
如果沒有找出真正的瓶頸，就沒辦法繼續進行。

就算如此，也花費太多時間和勞力了吧！
所謂的成本，也包括人事費用啊！
無言
無言
無言
叫我報告，我不就報告了嘛！
喀！
喀！
喀！
喀！
幹嘛說得那麼難聽呢！
商品販售部
砰！
唉⋯
啦啦啦！♪
啦啦啦！♪
哼⋯
益子小姐，過來一下！

你已經請廠商報價了嗎？
我不是要你在我們開會討論前，跟我報告嗎？
對不起，我現在在忙另一件事，分身乏術。
不要因為你是短工時員工，就用這個當藉口！
你也考慮一下我做夾心餅乾的心情…
垂頭喪氣…
啊！
糟糕！我竟然也對下屬做了同樣的事！
驚訝萬分！
這樣的話，下屬當然不會想要進一步向你報告的…
不行
不行 不行
不行
那個…系數小姐？

處在上司和下屬中間，其實你的立場很為難吧！
是啊！
但是，你也肩負著經營階層與賣場員工之間的溝通任務，
所以「報連商」不只是要運用在「管理下屬」上，
還要跟工作成果密切相關。
我知道這麼做是不對的，卻不知道該怎麼做才好。
原來如此！
那麼，我們就以「行為的原則」為大前提來思考看看吧！
人們會因為做了某些行為後得到很好的結果，而增加行為的次數。
像是你到某家店裡，覺得那裡的酒很好喝，
就會想要再去那家店。
是啊！

如果做了某個行為，卻伴隨著不好的結果，就會減少這種行為，甚至不去做同樣的行為。
沒錯。
在主管指示「要跟我報告」後，按照指示去報告，結果居然被罵或是被嫌棄，
被嫌棄
被罵
報告
不想做的行為
就會讓報告這個行為，變成下屬「不想做的行為」。
就像是父母對孩子說，考試成績要拿給我看。
孩子按照父母講的，把成績單拿出來後，考不好就被罵，
考得好也會被講「下次要更努力」。
這種結果就會讓孩子變得不想去講考試成績的事。
下次得要考得更好！
嘮叨
嘮叨
嘮叨
嘮叨
好成績
不想給
父母看！
天啊！
你怎麼考得這麼差！
壞成績

但是，大人跟小孩又不一樣。
有時候，反倒是大人希望被稱讚的期待比較強，不是嗎？
大人跟小孩不同，理所當然什麼都應該會，所以被稱讚的機會就比較少。
是這樣沒錯啦！
唉…！
所以當下屬做了報連商，
你就要稱讚他們，
並給予確切的建議或回應。

然後，你也要注意指示的方式。
例如，你希望下屬早一點將企畫案完成時，該怎麼指示呢？
「馬上做給我」，
或是「盡快開始做」
之類的吧？
是啊。
但是，如果這麼說的話，就不會知道「馬上」、「盡快」是今天之內，還是本週之內。
的確是！
然後自己就會氣得一直想：「他怎麼還沒有完成？」
真的是這樣。
要讓「報連商」這個行為變得更確實的話，
要提示日期、頻率或次數等給下屬，盡可能使用具體的數字。
要說明清楚，直到不管是誰聽到都會去做同樣的行為。
下指示時，要具體說明你期望下屬做到的行為。

重要的是，
要傳達
每一份工作
在整個
計畫中占有
什麼樣的位置，
又有什麼功能。
占有的位置
不要直接用上司
傳達給你的命令，
要用自己的話去傳達。
我明白了。
那個，
我有問題…
什麼問題？
面對比自己年長
的下屬時，
該如何下指示？
38歲
兩個孩子的媽媽
為了表示禮貌，
用語要客氣一點。

還有其他的嗎？
其他就是不要用命令的，而是以拜託的感覺去講，就可以了。
完全不必去考慮年齡或工作資歷。
這樣真的可以嗎？
感覺比較輕鬆了。
緩和…
太好了。
我回來了！
太晚了吧！你只是去買個東西，就花了好幾個小時
那是…因為找東西花了很多時間。
結帳也花了很多時間…

他好像是新來的⋯
最近不管到哪裡，管理新人好像都是令人困擾的事⋯
店長剛剛在抱怨，只要對新人嚴格一點，那個人就馬上離職！
好啦，快點回去工作！
好的
剛剛的新人好像也不太可靠，不知道行不行⋯
搖
搖
這個跟我點的不一樣啦！
真是的
啊！真的嗎？
那是另一位客人的啦～！！
等一下我會好好教他的⋯
呵呵呵

真是託益子小姐的福，我終於得到上原部長的同意了！
謝謝你！
真是太好了。
這樣的話，你就可以專心在新的企畫案上了。
好的。
總覺得系數小姐給人的感覺不一樣了…
說話的語氣變得客氣了，也比以前容易親近。
好！加油吧！
對了！最近我認識了一位媽媽，她在紡織品盤商工作。
她跟國內的紡織品師傅很熟，能夠從那裡得到很多消息。
真的？

那裡面或許有能夠推廣我們企畫案中嬰兒產品的資訊也不一定。
靈光一閃
益子小姐，你有很多朋友，對吧？
是不是可以從媽媽們那裡聽到有別於意見調查的現場意見呢？
「如果有這種商品的話，就好了」這類的意見，應該是沒問題的…
這種的也可以！
我們可以從這類意見中，想出全新的點子！
如果有必要，公司也會支持的！
那麼我就去多問問。
麻煩你了！
謝謝你提供這麼多寶貴的資訊！
哪、哪裡。

企畫案A
你都沒什麼時間了，還把企畫案做出來，真是謝謝你。
企畫案A
沒，沒什麼。
內容的設計也很漂亮，很多資料都收集在裡面了⋯
因為我拜託若狹先生提供很多必要的資料⋯
企畫案A
加上採用益子小姐的想法，
就讓企畫內容的涵蓋範圍增加了。
太好了！我把這個企畫案拿去給部長看！
好的！

會議室
國產高品質
新嬰兒服商品企畫案
WAKABA
嗯…還有兩、三個問題，但整體看來是可行的！
就客戶觀點來看的商品概念，跟商品開發的實際策略並沒有矛盾。
但是，這系列商品的投資金額，能取得董事會的同意嗎？
緊張
緊張
緊張
好！
啪！
我們一起來研究內容，讓董事會同意吧！
—
謝謝大家！

今天啊，我終於找到一條生路了。
真是太好了…
真的很好呢！
請問您要喝什麼嗎？
我覺得肚子有點餓了…
那我做一盤培根炒菠菜，怎麼樣？
聽起來不錯喲！
那我馬上去準備。
這位新人很認真在做呢！
要成氣候還早啦！

其實，我也是聽到你們兩位的對話，就用自己的方式，想辦法嘗試一些指導新人的方法。
原來如此！
嘗試之後，我很開心地發現他的態度漸漸變好了。
重點還是在「行為」。
生在不同的世代，價值觀和感覺也會不同。但是，人類的行為原理是不會變的。
就是說啊…
年輕人就是老實。針對該做的事，要是給他夠仔細的提示，他就會遵照指示行動。
咦，你嘗試了什麼樣的方法？

對於新人沒做過的事情，我就將行為細部分解之後再教他。或是將應該做的事情，整理成確認清單。
行為分解
要像這樣做…
是！
確認清單
如果他還有不知道的，或是無法判斷的事，就請他來找我商量。
如果新人做得好，就要馬上稱讚。這對年輕人也很有效。
馬上稱讚嗎？
是的。
對於出生後物質上就被充分滿足的這個世代的孩子而言，
能夠取代物質欲望的，就是所謂的「期望被其他人或社會肯定」的期待。
被肯定的欲望很強烈!!!

就算沒有找到可以稱讚的事，也能稱讚新人來向你報告或商量等這類的事。
光是這樣做，就會有很大的差別。
店長，你也很厲害嘛！
不必多給新人薪水，他就會努力工作了，這種事情哪有不去做的道理。
偷偷摸摸
就是說啊！
哈哈哈
你們兩個人到底在說什麼悄悄話啦！
店長正在稱讚你變得很厲害喔！
這，這是真的嗎!?
真的嗎？讓人覺得害羞呢…
嘻嘻嘻
真是老實的孩子啊！
呵呵呵呵

Chapter 3-1

「報連商」的作用是什麼？

≫「報連商」不是用來管理下屬的

報告、連絡、商量，所謂的「報連商」在整個企業界是非常重要的事。現今，不要說是上班人士，就連學生也都知道它。漫畫裡的主角和彩小姐，應該也是被前輩或主管為此責備過許多次吧。

儘管如此，仍有許多主管有著「下屬沒有確實來向我報連商」的煩惱，而來求助於我。

每當我問主管們：「為什麼需要報連商呢？」令人驚訝的是，有很高比例的主管會回答我：「這是要確認下屬是否有好好工作。」還有一類的主管則是說：「當然就是要監視下屬，讓他們不要打混啊！」

然後，當下屬來報告時，就針對內容抱怨東抱怨西，說些刺激吐槽的話，甚至還有那種暴怒罵人的主管。這樣的「報連商」簡直就像是一個懲罰遊戲。

請回想一下 Chapter 2-2 曾經說過的「ABC 模式」。**人們會因為做了某個行為後得到「好結果」，就會重複那個行為，當發現會有不好的結果時，就會漸漸減少那個行為。**

要是「向主管報連商」的行為結果是「被斥責或嫌棄」，那麼「報連商」這件事就會變成一件「不想做的行為」吧！若是這樣拖拖拉拉地去「報連商」，又被主管責罵：「你到底在做什麼！」漸漸的，下屬的「報連商」

你已經請廠商報價了嗎？
我不是要你在我們開會討論前，跟我報告嗎？
對不起，我現在在忙另一件事，分身乏術。
不要因為你是短工時員工，就用這個當藉口！

就會愈變愈少。

若要打破這個惡性循環，就要製造出「讓下屬自發地重複報連商的狀態」。**為了達到這個目的，具體方法就是主管要針對下屬的「報連商」這個行為給予一個「正向的結果」。**

當下屬向主管報告或連絡時，如果能有「行為本身被讚許」或「得到主管很確切的建議」，或是「在困擾時能夠跟主管商量」這類的好處時，下屬一定會增加「向主管報連商的行為」。

將「報連商」運用在商業策略上

一般認為，「報連商」的目的是確認業務進度狀況、資訊共享、讓溝通更順暢等。但我認為，它應該被活用成一種商業策略。

其中最能夠成為戰力的部分是「結合公司的經營策略和賣場現況」。

例如，製造商公司的管理階層想要以熟年主婦為對象做新產品開發，但是，就那些在賣場裡直接接觸客戶的員工來看，這樣的產品開發對象其實偏離了市場。

在各行各業的所有企業裡，都經常發生這類的問題。

如果有在賣場工作的員工蒐集這類資訊給你，身為主管的你就可以整合這些資訊，加上管理階層的策略，像是「給下屬新的指示」、「跟其他部門合作」或是「向管理階層提出建議案」等，能夠做出各式各樣的應對。

因此，你的公司或組織裡目前所要求的「報連商」到底是哪一類？請重新檢討一下。

等到主管也確認清楚後，就去製造跟團隊成員說話的機會吧。

請對你的下屬說：「現在，我們部門擔負的任務是，從賣場現場得到這類的資訊，因此大家的『報連商』是非常、非常重要的。」

Chapter 3-2

什麼是能創造成果的「報連商」？

主管的指示要具體可行

要將「報連商」改變為更有效率的管理方法，最重要的並不是「報連商」，而是在那之前的階段——來自主管的指示。

我們常常聽到下列這類指示：「總之，你要盡可能快點來報告。」「這件事情非常重要，你要經常來報告進度！」所謂的「盡可能快點」的意思，是指何時呢？

主管本人認為是「最遲今天以內」，但是聽到那句話的下屬，或許會認為是「可能在這週以內就可以吧」。

「經常來報告進度」的「經常」是指什麼樣的頻率呢？是三天一次？還是三小時一次？

主管發出這樣抽象不具體的指示，然後再對下屬怒罵：「你太晚報告了！」「過了這麼久也不連絡！」在我看來，簡直就是胡鬧。

如果你希望下屬能夠好好的「報連商」，首先就要將自己的指示具體化。

雖然「盡可能快點來報告」、「經常來報告進度」這類的說法，乍看之下好像是在指示「下屬應該做的行為」，但是就行為科學管理的觀點看來，這些並不是所謂的「行為」。

你認為以下三個例子代表「行為」嗎？

- **跟客戶好好地溝通**
- **很慎重地打招呼**
- **增加業績**

我認為，到目前為止，有讀過這本書的人都應該知道，上述的三項裡並沒有「行為」。

那麼，到底什麼才是所謂的「行為」呢？

用來定義「行為」的是「ＭＯＲＳ法則」（具體性法則）。這個法則是由四個項目所組成，名稱由各項英文單字的第一個字母所組成。

- **Measured：可測量的（＝可數據化）**
- **Observable：可觀察的（＝任何人看到之後，都知道該怎麼做。）**
- **Reliable：可信賴的（＝無論誰看到，都知道是同一個行為。）**
- **Specific：明確的（＝非常清楚該怎麼做）**

如果無法滿足這四個條件，就不被認為是「行為」。

那麼，我們就運用ＭＯＲＳ法則，來改變前例中的指示方式吧。

「跟客戶好好地溝通」→「最少每週要打電話給客戶一次，每個月要到客戶公司拜訪一次。」

「很慎重地打招呼」→「雙手在自己前面合攏，頭朝下鞠躬四十五度並說謝謝。」

「增加業績」→「下個月一日之前，整個團隊要達成簽約四十件的目標。」

像這樣加入含有日期、頻率、次數等具體數字的指示，不管是誰聽到，都會去做同樣的行為，不僅是被指示的下屬很容易採取行動，主管也可以明確地檢驗下屬「有行動了嗎？」「沒有做到嗎？」。

「如果連這種細項都得指示的話，下屬不就無法自我成長了？」

我常常聽到這類的問題，但我覺得，反倒是指示內容沒有正確傳達，或是下屬不知

要讓「報連商」這個行為變得更確實的話，
要提示日期、頻率或次數等給下屬，盡可能使用具體的數字。
要說明清楚，直到不管是誰聽到都會去做同樣的行為。
下指示時，要具體說明你期望下屬做到的行為。

道到底該做什麼才好等情況，才真正會妨礙下屬的成長。

》當下屬能夠掌握工作全貌，「報連商」的精確度就會提升

「因為主管交辦而去做的這項工作，到底有什麼作用？」你在當新人時，是否也曾經有過同樣的疑問呢？

除了要將自己指示的內容，用具體的語言表達出來，讓下屬能夠明確掌握應該要做的業務之外，有時候，將企畫案的全貌或公司的理念傳達出來，也是很重要的。

為什麼呢？「自己所負責的工作，到底在整個企畫案中占有什麼樣的位置呢？」「我向主管報告的資訊，在那之後會被如何運用呢？」「未來公司打算做什麼樣的發展呢？」這類的事情如果都能讓下屬明白，那麼「報連商」的品質或精確度，將會有驚人的提升。

如果下屬知道自己每天千篇一律的工作，在企畫案中占有不可或缺的一席之地時，那麼他們對於工作的價值、對自己的自信，都會有所提升。

當然，主管不需要每次在指示下屬時，都說明企畫案全貌或公司理念。那麼該在何時說明呢？在推動企畫案的一開始、方向有所變更，或是到了最後重要關頭時，主管都可以運用自己的語言來說明其工作的位置，好讓每位團隊成員都能夠俯視整個企畫案的全貌。

營造下屬需報告壞結果時也說得出口的環境

「零件的調配無法在期限內達成」、「客戶那邊的管理級主管提出了嚴重的客訴」、「在簽約前夕居然碰到了沒預料到的障礙……」。

像這類的問題，就算能夠降低發生率，但要降低到完全沒有，是很困難的。如果能夠及早發現，就有可能透過其他部門的成員一起總動員而解決問題。但是，關於壞結果的報告，往往到不了主管的手上。

原因很簡單，因為對下屬而言，「將錯誤或客訴盡早向主管報告的這個行為」沒有好處。不只是沒有好處，下屬一去報告，還會被主管責罵：「你在做什麼！為什麼會變成這樣！」「所以我才說你不行！」甚至有主管是在所有人面前斥責，讓在旁邊看的其他團隊成員覺得：「如果報告了壞結果，就會受到這種對待。」

我曾經說過好幾次，人們會因為自己的行為得到好結果，而重複同樣的行為；若是會造成不好的結果，那麼他就會減少這個行為（此例中的「行為」，就是將所謂的錯誤或客訴盡早向主管報告）。

同時也會出現一種危險，就是下屬為了要避免錯誤再次發生，連本來應該要做的行為也都減少了。

因此，主管要規畫出「就算有錯誤或客訴之類的負面資訊，下屬也能輕易報告」的那種模式。

當主管收到下屬報告的壞結果時，第一步要先稱讚下屬：「很高興你能在第一時間向我報告。」

主管要能忍住腦充血到想罵人的衝動，並說：「還好你有報告，從現在開始，大家一起合作，來度過這個難關吧。」「你能在第一時間就來向我報告，真是太好了。之後就由我來處理吧。」

如此一來，下屬提出壞結果的報告的機率，就會迅速提高。

接著，主管就能為了避免同樣的錯誤再次發生，去了解其原因或過程，並思考對策。

如果主管只說「不要再發生第二次了」、「請你謹慎應對」這類不清不楚的指示，是無法阻止錯誤產生的。

指示下屬時，一定要遵守MORS法則傳達具體的「行為」。

主管要去思考並分類「以後不可以做的行為」、「必須要改善的行為」、「需要增加的行為」等，那麼不管是下指示的自己，或是被指示的下屬，說不定都會更清楚問題點，或是該做的事。

Chapter 3-3

帶領各類型下屬的方法

指示新人時要詳盡，稱讚要立即

當我們在討論教育或指導新人的話題時，一定會被提出的就是「寬鬆世代」的存在。日本為了要改善填鴨式教育，便修正了學習指導綱要，在此背景下接收「啟發式教育」的新世代們，因為是在沒有承受過多競爭和糾葛的環境下成長，所以只要發生一點事情就會心靈受傷，據說因此離開職場的人也很多。

或許有很多主管都覺得，不知道該如何去指導價值觀和感覺完全不同的世代。但是，即便是價值觀和感覺完全不同，人會去做某個行為的原則，基本上是不會改變的。

因此，主管要跟帶領其他世代的下屬一樣，去教導新世代下屬「你所期望的、能提升成果的行為」，當這樣的行為能夠被持續執行時，就能夠培養出具自發性行為的下屬。

例如，就「報連商」而言，如果能夠多下一些工夫，過程會更順暢。

重點一，指示要具體。

當主管在指導新人相關業務時，就要像在教小孩子買東西一樣，解釋到連自己都忍不住心想「像這類的事情也不用一項一項講這麼多吧！」的仔細程度。寫報告的方式、截止日期，或是報告的形式等等，都要很具體的指示。

大部分的新人都是很老實的，如果他很清楚自己該做的事，就會很認真地做。

重點二，「報連商」中最重要的是馬上稱讚。

為什麼要這樣做呢？這個世代的人，大部分在小時候就透過電腦遊戲得到了立即被稱讚的經驗，像是做了某些行為，馬上就會「得到點數」、「獲得提示」、「進階到下一級」等，所以這算得上是一種投其所好的方法。

主管在對待這些寬鬆世代的新人時，就要馬上稱讚。當主管沒發現可以稱讚的事時，至少要稱讚下屬做了「報連商」這件事。

≫ 與年長的下屬關係融洽的方法

因為泡沫經濟的崩盤、企業擴大裁員、商業形式正式邁入全球化，日本長年以來維持的終身雇用型態已經完全崩壞了。

伴隨而來的，就是不論任何一種產業，主管帶領著「比自己年長的下屬」的事情，也就不稀奇了。

因此，有很多主管忽然開始煩惱該如何管理比自己年長的人。我自己也碰到很多主管來找我商量這件事。

並非只有正式職員有「年長下屬」的問題。

我經常聽到以下的困擾：「我被派到新的單位當主管，那裡有著對業務無所不知的資深打工人員。因為我對新業務的相關經驗和知識都很膚淺，儘管身為主管，卻被下屬看輕。不只是那位打工人員，連整個團隊都管理不好。」

關於這一點，我認為是日本的企業人士考慮太多了。

在工作上沒有尊敬長者這件事的美國，從沒聽過這種不知如何面對年長下屬的煩惱。工作就是工作。嚴肅地處理就對了。

即便如此，我們還是要尊重日本文化中尊重長者的想法。首先，就是要記得使用敬語跟對方說話。

主管在下指示時，不要以命令的口吻說：「去做這件事！」而是說：「這件事情就麻煩你了。」要以這種「拜託的方式」來說話。

和彩小姐除了將益子小姐當作人生的前輩來尊敬之外，還向本人提及其經驗和人脈是很有價值的，一下子就改善了兩人的關係。

麻煩你了！謝謝你提供這麼多寶貴的資訊！
哪、哪裡。

Column

休息一下 4

對下屬的每日報告一定要有回應和評論

你會如何確認下屬的每日報告呢？

像是「什麼都沒寫，這三十分鐘在做什麼？」等挑毛病，或是嫌棄下屬寫的報告內容？

要是你這麼做，對下屬而言，「提出每日報告的這個行為」就會變成一件沒有好處的事。

如果想要對下屬的行為有所指正，首先要稱讚或認同下屬做得好的部分，然後再提出建議。

你不能說這位下屬「沒有一個地方可以稱讚」，至少他做到了「書寫每日報告的行為」，要先稱讚這件事。

另一件重要的事是，主管在當天一定要看報告，然後給下屬回應和評論。

如果讓下屬認為「要我寫報告，卻什麼回應也沒有」的話，他每日報告的品質會持續低落。

對於那種連每日報告都不願給意見的主管，絕不會有下屬會向他報告重要的事情，或是找他商量事情的。

Chapter

4

如何提升團隊成果

Story 4 何謂充滿喜悅的工作職場？

喀啦
奇怪？係數小姐今天也外出嗎？
她正在忙著與建立新品牌WAKABA相關的部門連絡及客戶方面的事情。
那可是一個重大企畫案啊……
我們也是一樣，該做的事就得好好地做！
好，我會好好努力！
哈哈哈♪
說的真容易…
在董事會之前，已經沒有多少時間了。
一切就拜託您了！
就算你這樣拜託我，我們這裡也是很忙啊…
請您幫幫忙！
嗯…
門市開發部部長

我知道了。
我就幫你吧！
哇！
真是謝謝您！
緊握
…現在說另一件事好像不太恰當，但是我想要問你一件事。
什麼事？
我聽到一個小道消息，你部門內的會議最近好像減少很多。
是因為太忙了，才沒時間開嗎？

不是的。必須要開的會議，我們都有準時召開。
但只有真正需要的會議，才會運用行為科學的方法機動進行。
行為科學？聽起來很有趣。
沙沙
具體而言是？
首先，將會議分成三種。
由上至下型會議
傳達指示、命令與公司願景。
原來如此！
由下至上型會議
下屬針對主管的指示，來報告或確認進度。
嗯，好…
全體參與型會議
為了解決問題或腦力激盪，全體同仁平等進行檢討並共享資訊。

以前經常舉行的會議都暫停了，
•○○企畫會議 •××檢討會
•△△定期會議 •朝會
•腦力激盪 •每月兩次的○×會議
等等…
然後將所有會議劃分到那三類會議之中。
由上至下型會議
•朝會
•星期三的例行會議
由下至上型會議
•每週兩次的營業作戰會議
全體參與型會議
•行動檢討會議
•腦力激盪
因為有分類，每一個會議個別的開會目的就會自然浮現。
如果有相同的報告重複出現在那些會議時，就可以取消其中一次的報告。
另外，每個會議也會根據類型而有不同的重點。
有哪些重點呢？

以由上至下型的會議來說，
每次會議要傳達的重點最多只能有三項。
指導重點集中在這三項
由上至下型會議
如果超過三項，下屬的吸收程度就會急速下降。
也會變成講東講西的，沒有重點。
好痛苦
這個……
那個……另一個也是……
不知所措
聚焦會議重點是很重要的……
如果是由下至上型的會議，下屬報告時，主管一定要有所回應。
對下屬的報告一定要有回應
我達成目標了！
你將訪問件數變成兩倍，實在太好了！
由下至上型會議
當目標達成時，一定要好好地稱讚。
做得很好
如果是沒有達成目標的報告呢？
就算是這樣，也要稱讚下屬有報告這件事。
然後再針對該如何消除目標和現實的差距，給下屬建議。

全體參與型的會議
經常有花了很多時間卻沒有結論的情況。
參加的全體員工都非常清楚會議的目的和目標。
全體參與型
為了避免這種情況，所有參加會議的人都必須要很清楚開會的目的和目標。
一開始就要把目標講清楚。
原來如此！
重要的是，在會議中要讓全體員工都能活躍地交換意見，
絕對不要否定任何人的發言，
太好了，真的讓我上了一課！
沒有…
這太讓我惶恐了…
全都是近藤先生教我的！

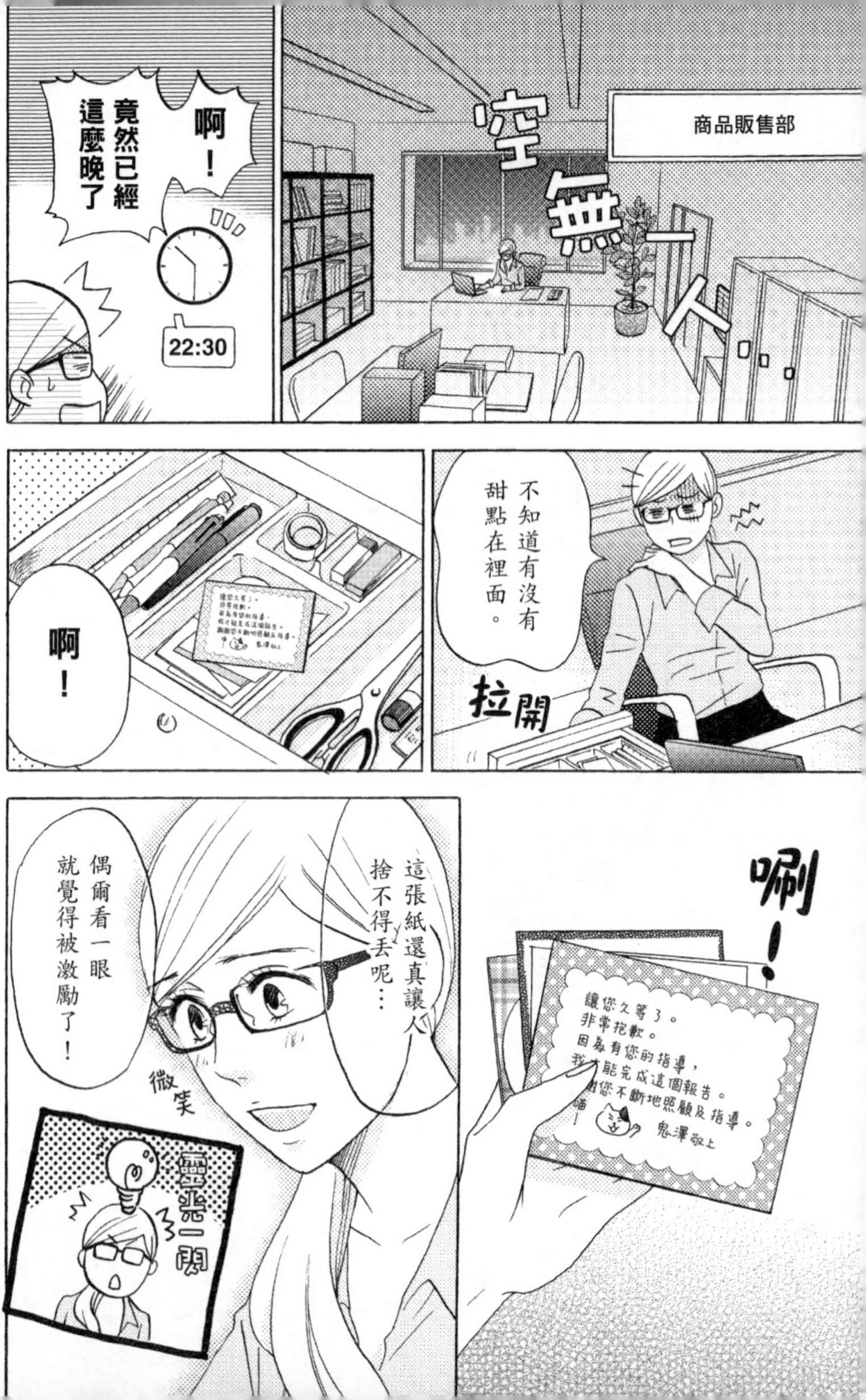

商品販售部
空無一人
啊！
竟然已經這麼晚了
22:30
不知道有沒有甜點在裡面。
拉開
啊！
唰！
讓您久等了。
非常抱歉。
因為有您的指導，
我才能完成這個報告。
謝謝您不斷地照顧及指導。
喵！
鬼澤敬上
這張紙還真讓人捨不得丟呢……
偶爾看一眼就覺得被激勵了！
微笑
靈光一閃

對了！
嗶
嗶
嗶
店長？
今天近藤先生有來嗎？
…好，那我現在過去。
BAR MOONSHOT
啪！
嗨！
讓您久等了。非常抱歉。因為有您的指導，我才能完成這個報告。謝謝您不斷地照顧及指導。 鬼澤敬上
唔—
這就是〇〇的資料 〇〇敬上
10月5日11:00 〇〇會議 6日3:00 ✕✕報告會
4:00～ 集合
這些都很棒！
是啊！只要被他人感謝，任何人都會很高興，所以我在想這件事能不能制度化。
這件事要制度化
是可行的。

也就是感謝卡。
THANK YOU CARD
給
部門
先生
DATE
部門
敬上
影印一些名片大小的「感謝卡」，上面要有「收件者的姓名」、「感謝的內容」、「署名者」等項目，然後發給團隊裡的人。
每當有想要感謝的事時，就寫下來直接交給對方。
不管什麼事情都可以嗎？
是啊，從大事到小事情，什麼都好。
謝謝你幫我收拾東西
感謝你總是幫我關窗戶！
○○會議時，感謝你協助我！
謝謝你請我喝咖啡！
原來如此…
這樣啊…

如果自己每天的行為都有某人在注意的話，會變成一種正面的評價。
有時候這是一種價值很高的報酬喔！
但是，也會有覺得害羞或麻煩而不去寫的人…
所以最好一開始就要規定「一天之內要寫兩張以上」之類的。
明白了！我馬上去做。
絕對要做喔！
這種「非金錢性報酬」會讓團隊成員自發地積極處理自己的工作。
這是讓下屬在職場上能夠發揮優質表現所不可或缺的。
非金錢性報酬？

有一種叫「總體報酬」（Total Reward）的概念。
Total Reward
就是由金錢性報酬之外的成就感、成長感、
夥伴間的一體感、還有被獎賞的感覺等，總合起來的報酬。
這個「總體報酬」很重要嗎？
是的。
如果光憑金錢性報酬就會快樂的話，
人只會根據薪資和紅利來選擇職場，
而且只有看到錢才會努力。
為了錢而努力!!
但實際上並不是這樣的！
真的！
要有「能夠做這個工作真是太好了！」「在這個團隊裡工作真是太好了！」這樣的想法，
在工作上的行為才會是自動自發、積極的。

那麼…今天就先這樣，我要走了。
喀嗒
謝謝您！
如果明天您有空的話，也請來坐坐。
哈哈哈！我想跟你聊天，所以明天也會想辦法過來的。
真的嗎？這…讓人有點害羞呢！
喀啦
叩咚
那位客人好像很喜歡你呢。
想見到你的客人也增加了，很謝謝你呢！
哪、哪有啦！

非常謝謝你!!^^
那個新人好像工作得很愉快呢！
是啊。
因為主管最大的功能，就是積極地給予團隊成員非金錢性報酬。
—
我的…角色…
要把每一位下屬當成重要的夥伴，用整體表現去給予獎賞，
這樣的話，團隊會比現在更活化，業績也會成長。

總體報酬的六個組成要素──【承認】認同存在，給予感謝

請看看！
就算是那麼小的事，你都有注意到，我覺得很高興。
發表時，我們一起努力吧！
是感謝卡啊！
謝謝你！

主管要捨棄那種「拿人家的薪水就一定要努力」的舊想法，或是「只要是主管的指示，下屬就會動起來」的舊觀念。主管要具體表達「很高興能跟你一起工作」的這種心情。

總體報酬的六個組成要素──【平衡】顧及下屬工作與生活的平衡

現在不是你要去接小孩的時間了嗎？
啊！真的！
如果有什麼需要我幫忙的，要跟我說！
你真的幫了我大忙！

要能掌握團隊成員的家庭情況等，注意讓下屬的工作和生活能保持平衡。

總體報酬的六個組成要素──【文化】打造具向心力、可盡情發揮的工作環境

總體報酬的六個組成要素──【成長】提供成長機會

總體報酬的六個組成要素——【環境】提供完善的工作環境

- 將辦公室整理成舒適、易於工作的環境。
- 除了整理事務和文具用品外，也要準備好易於使用的電腦或軟體等，有助於提升工作效率的必備用品。

總體報酬的六個組成要素——【組織架構】給予具體的指示或指導

- 指導正確的工作方式，並且確實地將整個企畫的架構說明清楚。
- 要清楚明白地指導那些與結果密切相關的具體行為。

到了系數小姐
要向董事會報告
的最後準備階段。
啪！
啪！
滴答
滴答
滴答
滴答
完了！
嚇一跳！
怎麼了？
煙
煙
煙
電腦
好像壞了…
完全沒
辦法開機！
這樣的話，
明天的
簡報資料…
什麼！
呃…
來得及
重做一份嗎…
又不能
一頁一頁分開去做…
那個…

要用這個看看嗎？
這是給小孩子畫畫的本子。
素描本
如果是用這個來做成概要的話，就可以一目了然。
大家一起合作，應該可以如期完成吧？
這個方法不錯喔！
但是，
所有的資料和數字都不見了。
這個沒問題，
我全都記在腦子裡了。
如果是圖表或插圖就交給我。
唰！
用手工繪製連環畫，介紹給董事會，看起來不是很創新嗎？

如果決定好了，我們就快點開始吧。
我先去把重要的內容寫下來！
那麼，我就根據這些來思考版面的分配。
我先用其他紙畫一些能畫的，
之後就可以黏在本子上了。
今天，我已經請別人去接小孩了，真是太好了！
好久沒有經歷這樣的事，真令人興奮！
呃…對不起，這種時候不該這麼開心的。
フフフ
謝謝大家！
應該由我負起責任才對…

你在說什麼啊！
是啊，我們是一個團隊。
團隊中一個成員的煩惱，就是整個團隊的煩惱！大家一起來解決就可以了。
我呢？我能做什麼呢？
在這個本子做好之前，你就先去睡覺吧！
用哭喪的臉去做簡報的話，會讓人有不好的印象吧！
感動！
感動！
嗯。
謝謝…真的很謝謝大家。
哎啊，不要哭啦！

Chapter 4-1

能夠提升工作成果的會議

將會議分類後，確認其目的

本來「會議」就是組織用來達成目的的一種手段。

但是，我們經常聽到像這樣不滿的聲音：「今天的會議沒什麼意義啊！」「在這種超級忙的時間，開什麼會議，真是令人困擾……」

不管發生什麼事，像這種沒意義的會議始終存在的最大理由是，「會議」本身的定義很曖昧。沒有去做應該要做的具體「行為」，只因為「已經開過會議了」的既成事實就感到滿足。

因此，我的建議是，要像和彩小姐的團隊一樣去做會議的分類。將目前所召開的各種會議做分類，做出一個「提升成果的會議體制」。

所謂的「會議」，想達成的目的是各式各樣的。

例如，由團隊全體來進行一個企畫時，從一開始到企畫完成之前，需要開各種形式的會議，將那些會議聚焦在「主要的資訊傳達」時，可以分成三種。

第一種會議是企畫案剛開始時的會議。這時，最需要的是有關企畫案的概要、方針說明，或是對於團隊成員的指示命令。資訊的傳達是要由上至下（Top Down）。第二種會議是在企畫案啟動後，**下屬針對主管的指示去報告，或是蒐集到第一線資訊後必須要召開的會議。**這類型會議的資訊是由下至上（Bottom up）的。

第三種會議則是為了解決某個問題或課題而召開的，它不是由上至下型會議，也不是由下至上型會議，**參加者全體都必須要開誠布公的發表意見及分享資訊。**

如果能像這樣依資訊的傳達方向為會議進行分類的話，開會的目的與一定要去做的行為，不就自然浮現出來了嗎？

主旨說明等。

1 由上至下型會議（資訊的傳達是由上至下）

例如像是主管的指示命令、想法傳達、連絡、公司使命的解釋、某個企畫案的主旨說明等。

2 由下至上型會議（資訊的傳達是由下至上）

針對主管的指示和命令，由下屬報告執行進度的確認、市場現狀等，讓主管得以掌握第一線資訊的會議。

3 全體參與型會議（資訊是全體員工共同分享及檢討）

問題解決、意見交換、資訊分析、腦力激盪等，去除所謂的主管和下屬的框架，全體員工以平等狀態自由發表言論的會議。

接著，我來說明分類的方法。一開始，先將所有想得到的、日常舉行的各種會議全部寫下來。接著，確認這些會議是屬於「1 由上至下型會議」、「2 由下至上型會議」或「3 全體參與型會議」。

例如，星期一早上的會議包含第「1」型和第「2」型的話，就在表格中的第1型欄位裡寫上「星期一晨會（後半段）」，在第2型欄位裡寫上「星期一晨會（前半段）」，就可以了。這樣的話，就會很明顯地浮現出「星期一的會議前半段是來自第一線的資訊情報報告，後半段則是主管的指示」的會議架構。

在同樣的分類中，如果有很類似的會議，就要刪掉一個。如果有些會議是那種「這個會議是屬於第1型會議嗎？但又好像是第2型會議，有時候也覺得是第3型……」很難去分類時，說不定那就是「因為習慣而集合起來開會」。這時就要去檢討，真的要繼續這種會議嗎？

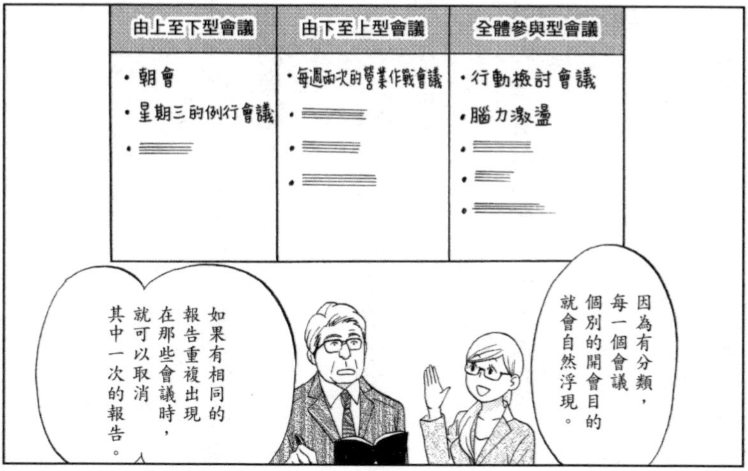
由上至下型會議
・朝會
・星期三的例行會議
由下至上型會議
・每週兩次的營業作戰會議
全體參與型會議
・行動檢討會議
・腦力激盪
因為有分類，每一個會議個別的開會目的就會自然浮現。
如果有相同的報告重複出現在那些會議時，就可以取消其中一次的報告。

》各類型會議的召開重點

這三種類型的會議，根據其型態不同，要注意不同的重點。

1 由上至下型會議：主管針對團隊成員去傳達「想法和策略」、「期望下屬去做的行為」、「決定事項」、「連絡事項」等為主要目的的會議。

• 不要使用抽象或曖昧的語言表達方式

主管在傳達連絡事項或指示時，最終目的應該是「下屬能夠去做主管所期望的行為」，所以主管就要將那些指示內容用很具體的行為表達出來。

• 一次會議中傳達的重點最多三項

在一次會議中傳達四項以上的重點，會讓聽者對於事情的理解度大幅降低，請務必將重點簡約在三項以內。

• 要讓聽者的腦中先有一個整體架構後再開始說

不要想到什麼就說什麼，要用那種「今天要說的是有關企畫案裡的期限問題、部門間的合作，以及費用結算時的注意事項」的方式說話，一開始就將要傳達的內容架構說清楚，聽者在腦中就會先有這三件事的架構，之後就會更加理解相關內容。

2 由下至上型會議：包括業務的進行狀態、下屬接受主管命令指示後的行為、來自第一線的資訊情報等，主要目的是由主管聽取下屬的報告。這種會議也是讓公司策略與第一線的狀況和需求去磨合的重要會議。

● 下屬做報告時，主管一定要給回應和評價

人類會因為行為的結果得到好處而重複執行。因此，這類型的會議中，在下屬報告時給予回應和評價，是很重要的。如果下屬按照目標去行動的話，就要好好地給他們正面評價。

● 如果是負面的報告，主管要給建議

當主管聽到下屬報告說「做不到」、「失敗了」時，首先要對下屬來報告的這件事，做出正面的評價，然後主管要針對如何縮短現實與目標之間的差距來提供建議。請務必要在當天或第二天給建議。

● 主管要事先告知自己期望的報告內容

主管期待下屬做哪種報告，如果能一開始就具體說明的話，不管是報告的精確度或品質都會提高的。

3 全體參與型會議：這類型會議是為解決問題而讓全體員工提出意見、思考新的企畫、決定團隊的未來方向等，一種讓全體員工交換意見或資訊的會議。

• 全體的目標一致

不管花多少時間開會都沒辦法得出結論，大多是因為參與者沒有掌握會議的目的和最終目標。我的建議是，要將會議的定位及要達成的目標等，清清楚楚地寫在白板上，以便讓全體員工都能有一致的共識。

• 主管不要說否定的話

在這種會議中，能夠得到愈多意見是愈好的。關於下屬的發言，主管不要使用那種否定的說話方式。像是「那不可能吧！」「你要不要多想想之後再來發言啊？」之類的話，就不要再說了。

• 開會前先透過公司內部網路傳達資訊

為了要在有限的會議時間內，盡可能地交換意見，最好能透過書面資料或公司內部網路，事前將相關資訊發給與會人員。

Chapter 4-2

使用「感謝卡」來認同及稱讚

≫活化職場，提高工作意願

我在從事企管顧問，或是面對來參加課程的許多企業時，都有導入「感謝卡」的概念，我常聽到他們告訴我：「感謝卡除了能讓職場氣氛變得更好之外，業績也向上提升了。」

人們通常會有一種「想要幫助某人」的想法，很少有被他人感謝後會覺得討厭的人。如果感謝是來自職場上的同伴或主管的話，就能提升下屬對團隊貢獻的意願，且自動自發地行動。

現今，日本各地都有採用感謝卡的概念，我曾經聽過「剛開始導入這個概念時，有好一段時間裡，大家都一直在使用，但是不知何時開始就漸漸減少，現在已經很少看到有人在使用了……」。我認為這可能是因為「寫字很麻煩」。**要降低寫字難度的方法，就是將感謝卡製作成名片般的大小。**

這樣的話，放在口袋裡帶著走也可以、想到什麼的時候就可以馬上寫，也因為寫給對方的訊息不必太多，即使是不會寫文章的人，也能很輕鬆地寫。

另外，一定會有因為害羞而不敢使用感謝卡的人，所以我建議設定一個規則，像是「一天一定要發出兩張感謝卡」。為了「強化」發出感謝卡的這個行為，有些公司也發起了「下週的星期五以前，發出最多張感謝卡的人，就給一個禮物」的活動。不是表揚「拿到很多張卡片的人」，而是獎勵「發出卡片的人」，就比較能夠讓這個活動成為常態。

當感謝卡能夠這樣被廣泛使用時，對於每個成員來說，或許就跟得到金錢或休假一般，能獲得更多的快樂。

Chapter 4-3

將工作的喜悅帶給所有成員

未來的報酬形式：「總體報酬」

從主管那裡聽到「都是你幫的忙」，或是實際感受到自己成長的「或許正因為能夠跨越那道難關，才能進步一點點」。團隊負責的大型企畫案，執行後獲得勝利，所有成員都感受到深刻的喜悅。到目前為止無法做到的事，終於做到了。

像這類的「報酬感」，會讓工作的人自動自發且積極地行動。

這個著重於人類心理的真理，源自美國的理論概念，稱為「總體報酬」。當今，許多美國企業都高度重視這個概念。

一聽到「報酬」，我認為我們腦中馬上浮現的，就是薪資或分紅等金錢性報酬，但「總體報酬」是指，在金錢報酬之外，能夠得到非金錢性的「報酬感」也是很重要的。

主管要實踐的，就是將每位下屬當成「工作上的夥伴」來珍惜，並且積極地提供下屬那種「能在這家公司上班真是太棒了」的非金錢性報酬。

人會想要對「珍惜自己的人」做出貢獻，也是一種想要發揮自身能力的生物，所以這種總體報酬的概念是非常有道理的。

在現今這個時代，如果公司絲毫不關心員工的「報酬感」或工作價值，那麼不但無法留住員工的心，也無法讓員工充分發揮他們的能力。不要單純依賴金錢的力量，而是要認真檢討該如何給予員工真正有價值的報酬。

總體報酬的六大要素

接下來，我簡單介紹一下總體報酬的實踐方法。在美國運用的總體報酬，是由五個要素構成的。但我從行為科學管理的觀點，多加了一個要素。

A 承認（Acknowledge）：認同存在，給予感謝

這就是把團隊成員當成工作上的重要夥伴，而且無條件地認同他們。具體來說，「讚美」和「感謝」下屬，就是這種「報酬」的主體。主管要透過語言或態度，具體地對下屬表達「很高興能跟你一起工作」的心情。

B 平衡（Balance）：顧及下屬工作與生活的平衡

能夠考量到下屬需要「照顧小孩」、「照護家庭成員」等事情，是對重要的下屬（不論男女）獎勵報酬的不可或缺要素。另外，在未來，大家都希望工作型態更有彈性。關於下屬看重的那些興趣或娛樂、當義工、上課或是家人相處時間等下班後的活動，都必須予以尊重與理解。

C 文化（Culture）：打造具向心力、可盡情發揮的工作環境

對於工作上的事情能夠自由暢談，下屬對主管也能夠坦率說出自己的意見和想法。另外，團隊成員間能夠超越工作上的職稱或立場，彼此認同、互相感激。如果是在一個互相扯後腿又有派系鬥爭的暗黑團隊中，人是無法開心工作的。

D 成長（Development）：提供成長機會

任何人都會有想要成長的欲望，當能夠實際感覺到自己「的確成長了」時，就會變成一種很大的獎勵報酬。主管不著痕跡地支援，讓下屬能累積成功的經驗，或是提供費用或時間，讓下屬參加研討會或上課等，主管能夠做的事情其實很多。主管如果發現下屬有所成長，就好好地以下屬了解的方式給予正向評價吧。

E 環境（Environment）：提供完善的工作環境

舒適且愉快的工作環境，對員工來說是很重要的。另外，提供足夠的辦公室機器或電腦，還有最新版的電腦軟體以提升業務效率，也是很重要的事。

F 架構（Frame）：給予具體的指示或指導

美國的教育機構 World at Work 所提倡的總體報酬，要素是從 A 到 E 這五項。但是，從行為科學管理的角度來觀察，我認為還有一個重要的要素。那就是為了要創造成果，主管要具體指導正確的工作方向、明確地指示下屬去行動。若是讓下屬抱持著「到底為什麼要做這個呢？」的想法而工作，他只會覺得痛苦。

傳統報酬與總體報酬的差異

薪水
獎金
津貼
薪資
公司福利
傳統報酬

總體報酬
＝綜合式報酬 ＝ 金錢性報酬＋非金錢性報酬

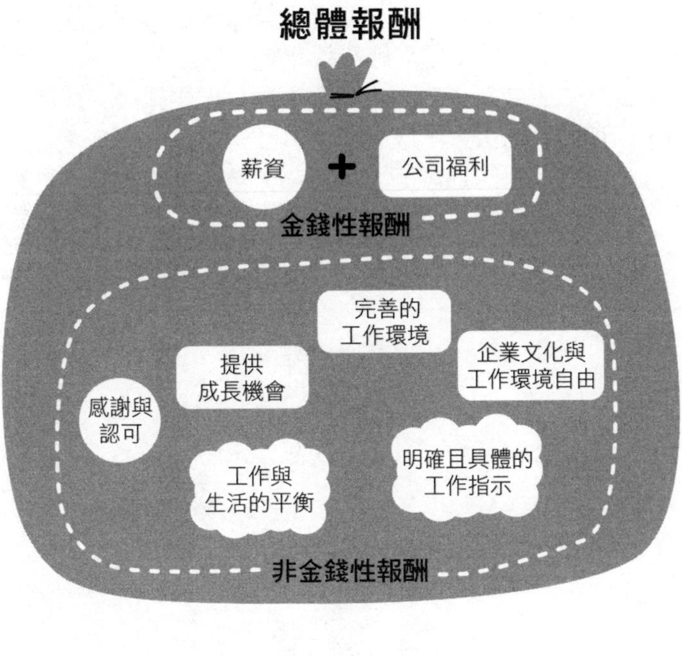
總體報酬
薪資
公司福利
金錢性報酬
完善的工作環境
企業文化與工作環境自由
提供成長機會
感謝與認可
工作與生活的平衡
明確且具體的工作指示
非金錢性報酬

Column

休息一下 5
不要總是稱讚特定成員

下屬的「被期望的、與成果相關的行為」，是不斷稱讚就會被「強化」的。正因為如此，也培育了個人和團隊。

但有一點一定要注意，就是稱讚的次數在團隊成員之間不要有所偏頗。

團隊成員對你的信賴度愈大，愈容易產生的就是不公平的感覺，或是所謂的「偏心」，這對整個團隊來說會有負面的影響，最糟的情況下，有可能讓團隊內部產生裂痕。

主管也是人，對於那些順從地按照指示去做的下屬，或是敏銳察覺自己想法的下屬，應該會比較常稱讚。

因此，主管要知道「平均稱讚下屬是很困難的」這件事，並將稱讚或對話的次數記錄下來。

如果有自己較少稱讚的下屬，就要特別注意去觀察，看他有沒有一些小成果或成長，一旦發現了就馬上稱讚，並且要將這一系列行為變成自己的習慣。

尾聲

5

學會教的技術，成為真正的主管

雖然我只是要離開工作
和職場一段時間，
但老實說，
我還是覺得很寂寞。
因為這個團隊
對我來說
是很重要的。

Story 5 團隊對我來說是很重要的
──半年後
那個…這次，
系數課長會暫時休息，離開職場一段時間。
什麼！
我們的新嬰兒服商品WAKABA好不容易才上軌道的！
其實是…我懷孕了！
生產前要先休息。
她已經結婚了啊…
她是跟誰結婚的…
錯愕

雖然我只是要離開工作和職場一段時間，但老實說，我還是覺得很寂寞。
因為這個團隊對我來說是很重要的。
但是，正因為這個團隊裡有各位，所以我可以安心地拜託大家。
等小孩的事情告一段落後，我一定會回來的。
在那之前請各位多多包涵。
鞠躬
這樣我們也變成媽媽之友了！
啪！
啪！
啪！
啪！
恭喜！
一定要生一個健康的寶寶喔！
你都這麼說了，包在我身上！
不用擔心。

BAR MOONSHOT
close
你到這裡來，該不會是想要喝酒吧？
沒有啦！
我現在最重要的就是小孩。
你看！
展示
這是我們公司的新產品。
啊，好可愛啊！
觸感也很好。
就是說啊！

我現在開始期待看我們的小孩穿這件衣服了！
我也是呢！
我們的家族成員增加了，所以要繼續運用「行為科學管理」和「教的技術」喔！
ぐっ
哈哈！也請你多多指教。
因為我們家的主管是和彩啊！
當然囉！

結語

和彩小姐因為實踐了「教的技術」，增加了跟下屬溝通的次數，並且確實執行對下屬「行為」的認同和評價，獲得了團隊成員的信賴。在那之前完全無法創造成果的團隊，也開始變成一個所有人都自動自發、充滿活力的團隊。

和彩小姐暫時去休產假了，等她回來後，相信她仍是一位很棒的團隊主管。為什麼呢？因為「教的技術」是可攜式的，就像皮包一樣可以帶著走。不管職務被轉到哪個部門，或是到哪個國家，都可以運用這個管理方法。

當然，無論你擁有什麼類型的下屬，也沒有問題。

透過這個漫畫，希望對於行為科學管理感興趣的各位，可以去看看以本書為基礎的《不懂帶團隊，那就大家一起死！》，或是可以學到如何教導下屬或後輩工作方法的《不懂帶人，你就自己做到死！》。

我誠心期望你所帶領的團隊，能成長為一個很棒的團隊。

漫畫圖解・不懂帶團隊，那就大家一起死！

マンガでよくわかる 教える技術 2 チームリーダー編

作　　者——石田淳
譯　　者——何信蓉
封面設計——呂德芬
內文排版——劉好音
特約編輯——洪禎璐
責任編輯——劉文駿
行銷業務——王綬晨、邱紹溢
行銷企劃——曾志傑、劉文雅
副總編輯——張海靜
總 編 輯——王思迅
發 行 人——蘇拾平
出　　版——如果出版
發　　行——大雁出版基地
地　　址——台北市松山區復興北路 333 號 11 樓之 4
電　　話——（02）2718-2001
傳　　真——（02）2718-1258
讀者傳真服務—（02）2718-1258
讀者服務信箱— E-mail andbooks@andbooks.com.tw
劃撥帳號 19983379
戶　　名 大雁文化事業股份有限公司
出版日期 2022 年 12 月 再版
定　　價 300 元
ISBN 978-626-7045-73-2

國家圖書館出版品預行編目資料

漫畫圖解・不懂帶團隊，那就大家一起死！／石田淳著；何信蓉譯. – 再版. – 臺北市：如果出版：大雁出版基地發行, 2022. 12
面；公分
譯自：マンガでよくわかる 教える技術. 2, チームリーダー編
ISBN 978-626-7045-73-2（平裝）

1. 人事管理 2. 企業領導 3. 漫畫

494.3　　111018365

如果